山东农业实用技术科普知识

王剑非　主编

中国农业出版社

北　京

图书在版编目（CIP）数据

山东农业实用技术科普知识 / 王剑非主编 . —北京：中国农业出版社，2022.5
ISBN 978 - 7 - 109 - 29375 - 5

Ⅰ.①山… Ⅱ.①王… Ⅲ.①农业技术－普及读物
Ⅳ.①S - 49

中国版本图书馆 CIP 数据核字（2022）第 086722 号

中国农业出版社出版

地址：北京市朝阳区麦子店街 18 号楼
邮编：100125
责任编辑：李 蕊 黄 宇
版式设计：杨 婧 责任校对：刘丽香
印刷：北京科印技术咨询服务有限公司
版次：2022 年 5 月第 1 版
印次：2022 年 5 月北京第 1 次印刷
发行：新华书店北京发行所
开本：880mm×1230mm 1/32
印张：3
字数：80 千字
定价：25.00 元

序言

　　《山东农业实用技术科普知识》一书汇集了近几年山东省农业科学院的农业专家在农业科普讲座中的各类农业技术，如粮食作物、果树、土壤肥料、畜牧兽医等不同生产门类的种植、养殖技术，编者希望通过这些精选的农业技术科普知识，为山东的农业生产提供参考与借鉴，更好地发挥农业科技的支撑作用。

　　本书中涉及的农业技术科普知识，都是山东省农业专家现场分析并讲解的技术知识，山东的农民朋友，可以此作为生产过程中的技术参考。由于农业生产具有实践的现实性、复杂性，专家讲解是建立在广谱的实践基础上，具有现实环境、条件及发生情况的限定性，因此，本书内容仅对相关的技术问题提供一个参考，切忌把专家解答当成对照执行的教条，这一点请广大读者理解。《山东农业实用技术科普知识》中的农业技术知识都是山东省农业专家基于本省农业生产的气候、农时做出的农业生产技术科普，因此，外省市的读者在进行参阅时，请考虑当地情况。

　　为了保证农业技术科普知识不出现偏差，向农民朋友提供最清晰的实践参考，在编辑过程中，进行了文字、插图等方面的编辑加工，尽量做到简洁、通俗、科学、严谨。鉴于作者的技术水平有限，文中难免有所疏漏，敬请各位同行和广大读者不吝赐教、批评指正！

在编著过程中，该项工作得到了王磊、权珍琦两位同志的支持。为了保证农业技术的正确性、科学性和权威性，本书成稿后，曾多次恭请农业专家对科普读本审阅，没有农业专家的辛勤劳动就没有本书的成稿！

本书的出版得到了山东省农业科学院农业信息与经济研究所同事的支持和帮助，在此一并表示感谢！

编　者

2021 年 6 月

目录

第一章 粮食蔬菜

一、水稻

1. 山东水稻种植需要的环境条件？

科普知识：山东省水稻种植面积不算太大，常年在 200 万亩[①]左右，主要分布在济宁市微山湖、临沂市周边。尽管山东省种植的水稻面积不大，品质却非常好。水稻一般到 10 ℃以上就可以发芽，最适宜的温度在 20～32 ℃，超过 40 ℃水稻开花就会受影响。水稻喜高温喜湿，酸性土、弱碱性土、盐碱土都能够种植。盐碱土种植，需要把土壤的盐分降到适合水稻生长的条件。

2. 水稻分蘖末期如何加强水分管理？

科普知识：可根据水稻分蘖状况采取适时适度烤田，控制无效分蘖。水稻适时适度烤田是构建适宜群体、提高抗逆性、减少病虫害、防止后期倒伏的重要措施。

（1）对生育进程正常、已达到预期穗数或即将达到预期穗数的田块，按照"苗到不等时"的原则，适时适度烤田，控制无效分蘖

---

① 亩为非法定计量单位，1 亩≈667 米²。——编者注

生长，提高有效分蘖数量。烤田的轻重及时间长短根据苗情、天气而定。烤田晒到"禾苗褪色、田面开裂、白根露面"为好。对于叶色深、长势旺、群体大的田块要重晒，反之宜轻晒；对于排水困难的低洼烂田要实行开沟烤田，晒到叶片挺起来、白根泛出来，以达到控制无效分蘖发生、控制基部节间伸长、促进上层根系生长、争取动摇分蘖、提高成穗率和穗层整齐度的目的。

（2）对还未够苗的田块，要在群体茎蘖数达到预期穗数的80%左右时自然断水烤田，采取轻晒、多次晒的方法。

（3）对部分迟播、迟插、病虫危害重、僵苗迟发等茎蘖数明显不足的田块，按照"时到不等苗"的原则，迅速补施分蘖肥，每亩用5千克左右尿素加复配锌、钾肥，实行带肥软烤田。烤田程度把握在田边未"发白"、有少量细裂缝时，即可上水，然后再落干，如此往复，循序渐进，最终达到田土沉实、田中不陷脚、田面土表见新根、叶色褪淡、叶片挺直为止。

3. 盐碱地水稻如何整地？

科普知识：整平田面是直播稻确保苗全苗匀的关键。应在冬前耕地，播种前耙地整平，旋耕1~2次，要求土地平整，同一地块高低差不超过3厘米，推荐使用激光整平仪等设备，提高整地质量。

4. 盐碱地水稻如何科学灌水？

科普知识：新开垦的重度盐碱地，4月下旬至5月上旬灌水洗盐压碱7~10天，洗盐碱1~2次，使含盐量降至0.2%以下。含盐量高于0.2%的地块采用水直播，在三叶期前保持浅水层（3~5厘米），分蘖期浅水勤灌、勤排（遇低温时夜间灌水、白天排水；遇高温时夜间排水、白天灌水），经常保持浅水层，促进分蘖；含盐量低于0.2%的可采用旱直播，播种灌水后，3~5天内将水排干或耗干，保证出苗整齐，三叶期至孕穗期采取间歇灌水法，前水不见后水，抽穗期至扬花期保持浅水层，灌浆期采用间歇灌水法，干湿交替。

5. 济宁、临沂主产区如何施肥？

科普知识：亩施尿素 35～40 千克、过磷酸钙（$P_2O_5 \geqslant 12\%$）50 千克、氯化钾或硫酸钾（$K_2O \geqslant 50\%$）10 千克左右。作物秸秆全量还田，氮肥基肥占 40％，返青肥占 10％，分蘖肥占 25％，穗肥占 25％。磷肥全部基施；钾肥分基肥（占 50％）和穗肥（占 50％）两次施用。也可施用复合肥 50 千克，追施尿素 20～25 千克。

6. 东营水稻主产区如何施肥？

科普知识：亩施磷酸二铵 30 千克左右，追施尿素 25 千克左右。钾肥不要选用氯化钾，建议选用硫酸钾，亩施 10～15 千克，隔 1～2 年施一次。建议秸秆还田，尿素基肥占 20％，返青肥占 20％，分蘖肥占 25％，穗肥占 35％。磷肥全部基施；钾肥分基肥（占 50％）和穗肥（占 50％）两次施用。

7. 水稻中缺微量元素需注意什么？

科普知识：缓效硅肥 40～50 千克/亩或速效硅肥 5 千克/亩，长期秸秆还田地块可减施或不施硅肥。硫酸锌 1～1.5 千克/亩，2～3 年施 1 次。

注意事项：不与磷肥混用。

8. 粒肥追施技术需要注意什么？

科普知识：在抽穗至齐穗期的追肥，对前期长势较弱、叶色发黄、土壤肥力不足、出现脱肥的稻田作用明显，对提高粒重、改善品质有特殊作用。粒肥用量不宜多，一般亩施尿素 3～5 千克，施用粒肥要严格掌握看苗施用的原则。水稻除根部能吸收养分外，叶片表面的气孔也具有一定的吸收能力，而且利用率高。可在灌浆期每亩用磷酸二氢钾 0.2 千克加尿素 0.5 千克兑水 50 千克进行叶面追肥，防止叶片早衰，增加千粒重；采用磷酸二氢钾＋植物生长调节剂也有一定的增产作用。

9. 盐碱地水稻如何科学施肥？

科普知识：结合耙地，亩施腐熟有机肥 1 500 千克、磷酸二铵 15～20 千克或复合肥 30 千克。也可在播种时用种肥一体播种机将化肥施入。盐碱重的地块洗碱整平后施入化肥。苗期追肥宜早不宜迟，三叶期施尿素 8 千克、磷酸二铵 5 千克，10 天后施尿素 7.5 千克、磷酸二铵 4.5 千克，拔节期施尿素 10 千克，根据田间长势，施穗肥 5 千克左右。

也可使用水稻专用控释肥：每亩视产量水平施含腐殖酸的控释肥［硫酸钾型 $N - P_2O_5 - K_2O$（25 - 15 - 6），控释氮含量大于 12%，控释期 3 个月，腐殖酸含量≥3%］50～70 千克作基肥，整地前一次性施入，保证肥料埋入土壤。

10. 水稻主要有哪些病害，防治方法有哪些？

科普知识：水稻主要有恶苗病、基腐病、纹枯病、稻瘟病、稻曲病等病害。需播前浸种、合理密植、在防治适期喷药防治。

11. 水稻主要有哪些虫害，防治方法有哪些？

科普知识：水稻主要有稻飞虱、稻蓟马、螟虫、稻纵卷叶螟等虫害。需进行生态诱集、物理诱控（性诱剂）、生物防治及药剂防治。

12. 水稻如何防治杂草？

科普知识：对于稗草、千金子、莎草、鳢肠、鸭舌草、节节菜、马唐、牛筋草等杂草，主要有封闭除草和茎叶处理两种方法。重点做好封闭除草，把握好施药时期。后期长出的杂草进行茎叶处理，选正规厂家的效果好的药剂，杂草二至三叶期施药。

防治方法：化学防除（一封、二杀、三补）；绿色防除方式（稻鸭共养、稻蟹共养、稻虾共养等）。

13. 盐碱地水稻覆膜节水栽培技术？

科普知识：通过覆膜穴直播，膜上灌水，进行洗盐和造墒。小水勤灌，保持土壤湿润，既满足水稻生长对水分的需求，也可实现水稻节水栽培。

14. 水稻机械化旱栽秧技术是什么？

科普知识：水稻机械化旱栽秧技术，就是在小麦收获以后的土地上旋耕两次，把土壤打疏松，用机械直接在干土中插秧苗，然后灌水。即将秧苗的根部直接插入土地中，浇水后就能成活，不存在补种的情况。一次性插秧成活率很高。

15. 水稻覆膜节水栽培与机械化旱栽秧两项技术的成本哪个低？

科普知识：水稻机械化旱栽秧成本不高，就是正常的育秧。传统的插秧方式就是先浇水泡田然后插秧，水稻机械化旱栽秧是先插秧再浇水泡田，节水节能。在传统的插秧方式中插秧之后还要检查秧苗栽种情况，及时补种秧苗，而机械化旱栽秧是将秧苗的根部直接插入土地中，浇水后就能成活，不存在补种的情况，一次性插秧成活率很高。盐碱地水稻覆膜节水栽培技术，一亩地增加50元的塑料膜，但减少了水稻育苗过程。

16. 如何防治稻飞虱？

科普知识：危害水稻的飞虱主要有灰飞虱、褐飞虱、白背飞虱三种。灰飞虱可在山东省越冬繁殖，褐飞虱、白背飞虱均是典型的迁飞性害虫。水稻进入孕穗期，植株糖分增高，有利于稻飞虱生长发育。7月中下旬至9月上旬，白背飞虱与褐飞虱可随适合气流迁入山东省危害。

防治方法：亩用25%吡蚜酮20～24克，或10%吡虫啉50克，或10.5%吡·噻可湿性粉剂40克，兑水30～40千克均匀喷雾。

17. 盐碱地水稻如何防治稻瘟病？

科普知识：田间初见病斑时施药控制叶瘟，破口前 3～5 天施药预防穗颈瘟，气候适宜病害流行条件 7 天后第二次施药。每亩选用有效成分含量 1 000 亿芽孢/克枯草芽孢杆菌可湿性粉剂 15～20克，或 20％三环唑可湿性粉剂 75～100 克，或 40％稻瘟灵乳油75～110毫升等（按使用说明书规定方法施用）。

18. 如何防治稻曲病？

科普知识：该病又称为黑穗病，只发生于穗部，危害部分谷粒。主要在水稻孕穗期至开花期侵染，水稻破口期，尤以刚破口的嫩颖最易遭受侵染，潜伏期 10 天，破口期遇阴雨天发病重。抽穗扬花期遇雨及低温发病重，施氮过量或穗肥过重病害加重。

防治方法：适当控制氮肥使用量，低洼地块要注意及时排水；药剂防治于水稻破口前 5～7 天，亩用 5％井冈霉素水剂 400～500毫升，或亩用 20％三唑酮乳油 75 毫升兑水 30～40 千克喷雾。

19. 盐碱地水稻如何防治纹枯病？

科普知识：分蘖末期封行后和穗期病丛率达到 20％时及时防治。每亩选用 2％井冈·8 亿芽孢/克蜡芽菌悬浮剂 160～200 毫升，或 30％苯甲·丙环唑乳油 15～20 毫升，或 50％氟环唑悬浮剂12～15 毫升，或 240 克/升噻呋酰胺悬浮剂 20～25 毫升等。

20. 盐碱地水稻如何防治稻曲病？

科普知识：在水稻破口前 7～10 天（水稻叶枕平时）施药预防，如遇多雨天气，7 天后第二次施药。可与纹枯病兼防，防治药剂同纹枯病。

21. 盐碱地水稻如何防治红线虫？

科普知识：防治时期为 5 月中下旬，防治药剂每亩可选用

10％醚菊酯悬浮剂 80～100 克，或 20％氰戊菊酯乳油 30～40 克等，兼治稻水象甲、稻飞虱等。

22. 水稻秸秆还田的方法有哪些？

科普知识：前茬作物收获后再用打茬机将秸秆粉碎 1～2 次，粉碎至 3～5 厘米，甚至更细，补施尿素 10 千克左右，追肥时用旋耕机旋耕两次，使秸秆与土壤充分混合。在插秧后 10～15 天，及时晾田，排出毒气，尽可能自然耗干，以减少养分流失。

二、莲藕

1. 莲藕高效栽培技术需要注意哪几点？

科普知识：

（1）种植环境。要求水源丰富、排灌方便、地势平坦。以土壤 pH 5.6～7.5、含盐量 0.2％以下为宜。覆膜浅水藕土层深度不低于 35 厘米（虚土 40 厘米）。

（2）清明节前整地施肥。每亩施腐熟人畜粪肥 3 000～3 500 千克（未腐熟的粪肥极易引起莲藕烧苗）、过磷酸钙 25 千克、硫酸钾 10 千克，然后深耕（20～30 厘米）耙平。放入 3～5 厘米的浅水（也可种后再放）。

2. 莲藕种藕如何选择与处理？

科普知识：

（1）选取健康田块藕作种，并用 50％多菌灵可湿性粉剂加

75％百菌清可湿性粉剂 800 倍液喷雾加闷种，覆盖塑料薄膜密封 24 小时，晾干后栽植。

（2）有效种藕应有 3 节以上藕瓜、2 节以上完整藕、1 个以上芽头。

3. 莲藕追肥的注意事项有哪些?

科普知识:

（1）以复混肥作为莲藕的磷、钾养分来源时，提倡将复混肥作基肥施用，或尽早施用。

（2）施肥应选晴朗无风的天气，在清晨或傍晚进行，并避免施肥后 3～5 天内有大规模的降雨发生。

（3）每次施肥前应放浅田水，除去杂草后，让肥料溶入土中，1～2 天后再灌至原来的深度。

（4）当藕田施用了不同形态的有机肥（绿肥、猪粪等），氮、磷、钾肥施用量要在推荐量基础上酌情减少 15％～20％。

（5）按上述方案连续施肥 2～3 年后，肥料用量可适当减少。

4. 如何防治莲藕莲缢管蚜?

科普知识:注意田间蚜虫发生情况，当田间蚜虫受害株率达到 15％～20％，每株有蚜虫 800 头左右时，进行药剂防治。使用的药剂为大功臣和杀虫双混合施用，具体配制是:两种药剂按田间用量减半后再按 1∶1 的比例混合，再添加少量的敌敌畏进行喷雾，安全间隔期 10 天；如发生较重的藕田，还可与吡蚜酮交替施用。

5. 藕虾共养池建设需要哪些条件?

科普知识:套养克氏原螯虾的藕池应水源充足、排灌设施齐全，耕作层深宜 28～35 厘米。每池面积宜不大于 13 340 米²，池宽宜在 20 米以内。设置好进水口、排水口和溢水口。共养池四周应筑围埝。围埝宜高于池底（着藕区）0.5～1.0 米、顶宽 1.0～1.5 米、底宽 2.0～3.0 米，不渗水。全年套养小龙虾的藕田在围沟或整体越冬要保持 60 厘米左右的水位。水位调整要缓，避免忽高忽低，特别是在虾集中脱壳的时候。

6. 藕虾共养池虾沟建造需要注意哪些方面？

科普知识：虾沟宜深 0.8～1.0 米，上口宽 1.5～2.5 米，坡比为 1:（2～3），坡面不能硬化或有塑料布等覆盖物。虾沟与着藕区之间要筑内埝，内埝宜高 25 厘米、宽 30 厘米。沟内宜于投放小龙虾前 30 天左右分散移栽菹草、轮叶黑藻、伊乐藻等沉水植物或莲藕，植物水面覆盖率 30%～60%。

7. 需要设立小龙虾防逃设施吗？

科普知识：需要。围埝上应设置防逃设施，可选用塑料布、渔用网布、石棉瓦、玻璃缸瓦等材料。防逃设施须固牢，地上部分高度应不低于 40 厘米。选用渔用网布作为防逃设施的，应在其上部固定 10 厘米以上的塑料布。另外在进水口、排水口和溢水口应设置 80～100 目的防逃网。

8. 藕虾共养池可选择哪些藕品种？

科普知识：可选择鄂莲 5 号、南京池、飘花藕、鄂莲 6 号、鱼台白莲、马踏湖白莲等品种。应从健康田块选择种藕。种藕应至少具有 3 节、2 个完整节间及 1 个顶芽，无冻害及机械损伤。每亩用种量为 250～500 千克。

9. 克氏原螯虾投放前需要做哪些准备？

科普知识：

（1）共养池消毒。宜于投放克氏原螯虾前 15 天，人工清除浮萍、水绵，每亩用新鲜生石灰 25～40 千克或茶籽饼 10～15 千克消毒。使用生石灰时，要避免伤害叶片；使用茶籽饼时，应先粉碎，再用清水浸泡 24 小时左右，后将饼渣、汁一并撒入池中。

（2）种虾（苗）准备。种虾（苗）要求有光泽、体格健壮、活动能力强、无损伤，离水时间要尽可能短。种虾规格宜为 35～40 克/只，雌雄比例在（2～3）：1；种苗规格宜为 5～20 克/只。宜采用水运法或半湿法运输，每个装虾器具内虾叠层厚度不应超过 20 厘米。

10. 如何科学投放种虾（苗）？

科普知识：莲藕封行后在晴天的早晨和傍晚投放。种苗投放宜于 6 月中旬至 8 月中旬进行，种虾投放宜于 8 月中旬至 8 月底进行。每亩藕虾共养池宜投放种苗 3 000～5 000 尾或种虾 800～1 000 尾。

11. 克氏原螯虾饲料投喂需要注意哪些方面？

科普知识：可选择野杂鱼、食品加工下脚料、麦麸等自制饲料或商品饲料。商品饲料的选择与使用应符合 NY 5072 的规定，且幼虾饲料粗蛋白质含量宜 35%～40%，成虾饲料粗蛋白质含量宜 25%～30%。投喂量根据水温、水质、天气及天然饵料的丰富程度等情况而定，一般掌握在总体重的 2%～5%，具体视前一天饲料剩余情况及时增减。春季有克氏原螯虾活动时开始投喂，每天傍晚投喂 1 次。5—8 月，每天投喂 2 次。水温低于 12 ℃时，停止投喂饲料。饲料宜少量多点、均匀投放。

12. 莲藕、克氏原螯虾（小龙虾）在什么时间收获？

科普知识：自当年 12 月至翌年 3 月均可采收莲藕，采收方式为人工或利用高压水枪，宜分区分批采收。

克氏原螯虾捕捞，一般在 2 月下旬或 3 月初开始，直至 11 月中旬左右。捕捞器具主要为虾笼和地笼网。

三、玉米

1. 玉米穗期的管理技术有哪些？

科普知识：进入玉米穗期需加强田间管理，有针对性地进行病虫害防治。注意肥水管理，加强穗肥追施，及时灌溉排水，最关键的是玉米的抽雄期，这是玉米授粉、籽粒灌浆的关键时期，这段时期适当补充水分对玉米籽粒形成很有帮助。此外，山东夏季降水较多，及时进行排水，保持玉米根系的通透性和后期活性。

2. 玉米施肥量如何控制？

科普知识：理论上来说就是每生产 100 千克的玉米需要纯氮 2.5 千克、五氧化二磷 1 千克、氧化钾 2 千克，具体到使用上提倡配方施肥，根据当地农技部门公布的土壤数据进行配方施肥，尽量做到氮、磷、钾肥平衡施用。如果要追求玉米高产，建议把氮肥分为 2～3 次使用，播种时使用氮肥量的 20％～30％，穗期追施 40％～50％，抽雄授粉灌浆期使用 20％左右，这样可以充分保证玉米生育时期的养分要求。

3. 玉米黏虫如何防治？

科普知识：黏虫是一种暴发性、杂食性的害虫，近几年黏虫繁殖比较快，发生比较严重，危害比较大，要注意其迁移的特点，一家一户单独防治难的根除，最好靠村镇政府部门统一协调、统防统治，有针对性地防治，如成虫和幼虫防治的方法和药剂不同，成虫可以采取诱捕法防治，幼虫可以及时进行喷雾防治。

4. 黏虫防治时间与用药需注意哪些？

科普知识：一般 7 月中上旬是一代黏虫、二代黏虫暴发期，玉米穗期可能是三代黏虫暴发期，要在玉米大喇叭口期前后喷施一次农药，减少害虫基数。

黏虫是一种避光的虫害，建议早防早治，每天最好在上午 9 时以前，或下午 5 时在田间地头进行喷药防治。喷高效的氯氰菊酯乳油 1 000 倍液，效果更好一些。

5. 黏虫的发生与农业模式有关吗？

科普知识：黏虫与耕作方式有关系，比如小麦收获以后，玉米的贴茬直播，秸秆的处理不像以前那样粉碎还田，大面积的是贴茬，保留小麦根茬，气候比较适宜黏虫生长，综合起来就导致了黏虫发生比较严重，但是不能武断地说和现代农业模式有直接的关系。

6. 玉米抽穗时发生玉米螟，该如何防治？

科普知识：玉米螟主要发生在玉米穗期，传统方法是用辛硫磷颗粒拌毒砂，洒施在玉米心叶中。现在多采用在玉米的大喇叭口期，10～12 片叶这个时间，喷施一次辛硫磷溶剂，减少害虫基数。防治效果更好。

7. 玉米叶子发皱比较矮是粗缩病吗？

科普知识：是粗缩病，在苗期时感染，建议把明显感染粗缩病病毒的玉米苗拔除，如果不清除，可能会继续感染，第二年再种时提前进行喷雾防治，在玉米出苗后和心叶刚出现时一定要进行喷雾防治。

8. 玉米病虫害和土壤有关系吗？选择品种时需要考虑的因素有哪些？

科普知识：玉米病虫害与土壤环境有一定关系。但同时病虫害的发生也是多元化的，与各方面都有关系，近几年的异常气候也导致出现一些新的病虫害。在土壤方面，比如说小麦、玉米常年进行连作，土壤的耕作方式如果不合理，也会导致病虫害蔓延。或者是现在冬天比较暖，以往一些在过冬期被冻死的虫子可以安全越冬，夏季的病虫害就相对要重一些。在种子方面经销商大多会对种子进行包衣，大家选择品种时要选择正规的厂家，按国家规定进行合理包衣和拌种的种子，预防病虫害发生。

9. 玉米的黑粉病如何防治？

科普知识：对于玉米的黑粉病，有条件的地方建议结合中耕，中耕后用石灰粉，一亩地 15～20 千克，均匀洒在田间，这个方法对病虫害防治效果比较好。

10. 玉米中后期的管理要点有哪些？虫害应该如何防治？

科普知识：玉米中后期的主攻方向就是保叶、防衰等，主要措施就是及时浇水，每亩地可追施 10～15 千克的尿素，高产田可多追加 5 千克，虫害发生时可以用敌杀死、多菌灵等杀菌剂防治。在不影响小麦播种的前提下，适当推迟玉米收获时间。

11. 玉米地里的蜗牛用什么办法防治？

科普知识：降水比较多，湿度大，蜗牛就会发生。出现蜗牛，首先进行人工捕捉；其次用药剂进行喷雾防治，喷头尽量放低，不要喷到玉米叶片，第三可将少量碱石灰洒到蜗牛聚集的地方，在地块周围也撒上一些，设置隔离带。

四、小麦

1. 拔节前若发生早春冻害，如何及时进行补救？

科普知识：早春冻害（倒春寒）是山东省早春常发灾害，特别是起身拔节阶段的"倒春寒"对产量和品质影响都很大。拔节前若发生早春冻害，要及时补救：①抓紧时间，追施肥料。对遭受冻害的麦田，根据受害程度，抓紧时间，追施速效化肥，促苗早发，提高 2~4 级高位分蘖的成穗率。一般每亩追施尿素 10 千克左右。②及时适量浇水，促进小麦对氮素的吸收，平衡植株水分状况，使小分蘖尽快生长，增加有效分蘖数，弥补主茎损失。③叶面喷施植物生长调节剂。小麦受冻后，及时对叶面喷施植物细胞膜稳态剂、复硝酚钠等植物生长调节剂，可促进中、小分蘖的迅速生长和潜伏芽的快发，明显增加小麦成穗数和千粒重，显著增加小麦产量。

2. 小麦返青镇压从什么时间开始？小麦返青镇压有啥好处？

科普知识：小麦旺长是在种植的时候经常会出现的问题，旺长会降低麦田的通透性，影响通风透光，导致小麦生长不良、产量降低。对长势过旺的麦田，在起身前后进行镇压可抑制地上部分生长过快，避免过早拔节，促进分蘖成穗，加速小分蘖死亡，提高成穗率和整齐度，促进秸秆粗壮，增强抗倒伏能力。

3. 小麦出现什么状况需要镇压？

科普知识：镇压是控制小麦旺长的有效措施，方法简单效好。镇压可用石碌或铁制镇压器或油桶装适量水碾压、人工踩踏等方法进行，通过镇压损伤地上部叶蘖，抑制主茎和大分蘖生长，缩小分蘖差距和避免过多分蘖发生，促使根系下扎，达到控制旺长的目的。各类麦田均可在早春地表完全解冻后，地表温度维持在 3 ℃以上，在小麦返青至起身拔节期进行镇压，拔节后不能再进行镇压。

4. 小麦喷叶面肥会不会过量呢？

科普知识：小麦形成的籽粒，我们叫"库"，储存干物质。根系吸收的水分、叶片制造的光合产物都要运输到库里，叶片制造的光合产物就是一个"源"，这个"源"的大小就决定这个籽粒的大小，"库"储存干物质的多少就能决定产量，因此根系吸收能力下降了之后，喷施几次叶面肥可以增强地上部的光合生产能力，增加原料供应，可以提高产量。

5. 小麦干热风怎么预防？

科普知识：气象上日平均气温超过 30 ℃、空气湿度低于 30%、西南风的风速超过 3 米/秒，就达到干热风的标准，对小麦的产量影响很大，因为小麦的光合最适温度是 25 ℃，超过 25 ℃时光合能力下降。一旦干热风来了，小麦的蒸腾失水会加速，因为温度高，空气湿度低，而根系在籽粒灌浆期衰老了，吸收能力不行，可能造成植株体内缺水，影响代谢，进而影响产量。防治干热风的有效措施是使田间小麦空气湿度大幅度提高，减少干热风的影响。一喷三防，防虫防病防早衰，防早衰其实是从防干热风开始的，表面是防干热风，实际上是防早衰，也可以通过喷施叶面肥来达到防治干热风的目的。喷施叶面肥过程中加尿素和一些多糖类的物质，效果很好。

6. 除草剂怎样正常的使用？

科普知识：①明确田间杂草草相，从而选择合适的除草剂。每种除草剂都有自己的防除对象，根据田间草相选择合适的除草剂。

② 除草剂要严格合理使用。每种作物都有特定的除草剂，且规定了合理的使用剂量，不能盲目地在任何作物上都使用，也不能随意加大用量。

③ 喷雾器械合理使用。除草剂喷雾器最好是专用，因为除草剂的选择性都是相对的，残留在喷雾器里的除草剂有可能对其他作物产生药害。一般在作物播种后、苗前杂草还没出来时，对土壤进行封闭处理，杂草在萌发的过程中接触到土壤表层的除草剂就慢慢死掉。若前期土壤处理时没控制住，可以在杂草幼苗期，二至五叶期或七至八叶期杂草比较小的时候，使用相应的登记药剂，一般不会太晚。再一个就是要控制用药量，按照除草剂的推荐用量施用。

7. 小麦在几月施用除草剂最好?

科普知识：小麦田除草剂施药有两个时期，冬前 11 月中旬左右和冬后返青初期。11 月中旬，小麦开始或者刚刚进入分蘖期，白天气温在 10 ℃以上或者日平均气温在 5 ℃以上。冬后返青初期，温度回升，小麦田杂草要返青生长。防除杂草尤其是禾本科杂草，推荐在冬前 11 月中旬左右进行喷药，喷药之后 2～3 天内最好不要有 0 ℃以下的温度，否则容易致使后期小麦黄化。

五、甘薯

1. 山东种植的甘薯都有哪些品种?

科普知识：甘薯主要是分三大类：第一类是加工粉条用的甘

薯，主要打淀粉用的，山东的种植比例达到 60%～70%，主要品种是山东省农业科学院培育的济薯 25；第二类鲜食性的品种，就是家庭常蒸着吃的品种；第三类就是紫薯。

2. 济薯 25 有哪些品质特征？

科普知识：该品种由山东省农业科学院育成。2015 年通过山东省审定，2016 年通过国家鉴定。薯形纺锤，红皮淡黄肉。其突出特点：一是淀粉含量高。比对照品种徐薯 22 高 4.7 个百分点，黏度大，加工粉条不断条。二是抗根腐、抗干旱能力突出。适合多年重茬无线虫的山地、丘陵地、平原地种植。三是产量高、增产潜力大。2013—2015 年连续三年在国家甘薯产业技术体系高产竞赛中荣获特等奖和一等奖，最高鲜薯产量可达 4 100 千克/亩，薯干产量接近 1 600 千克/亩。

3. 优质鲜食品种济薯 26 有哪些品质特征？

科普知识：该品种由山东省农业科学院育成。2014 年通过国家鉴定。红皮黄肉。其突出特点：一是品质优良。薯肉金黄，糖化速度快，口感糯香，贮存后糯甜，既可蒸煮、烘烤，还可加工薯脯。二是鲜薯产量高，适应性广，增产潜力大。2016 年，国家甘薯产业技术体系"禾下土"杯高产竞赛中，济薯 26 在河南开封、济宁邹城、河北石家庄等地鲜薯亩产分别达到 5 516 千克、5 629 千克、4 335 千克，商品率达到 85% 以上，食用品质达到 95 分以上。三是抗逆能力突出。高抗甘薯根腐病，抗重茬能力突出，抗旱、耐盐碱、耐贫瘠。

4. 如何识别甘薯冻害？解决办法有哪些？

科普知识：当手攥薯块会往外流清水然后变软时，就是严重的冻害。霜降前后是个临界点，要抓紧收获。有些种植户认为叶子还绿着，可以再晚两天收获。这种做法是不对的，要趁早入窖，不要有侥幸心理。

解决办法是甘薯要早收。注意不要碰破皮，防止机械对瓜秧的二次伤害。现在基本上很少有人工来刨薯了，都是用机械。机械刨薯的时候，带速和振动的速度要调慢。

第二章　果　树

一、樱桃

　　樱桃在北方地区落叶果树中成熟最早，有"春果第一枝"的美誉，外观美丽，风味浓郁，深受市场欢迎。在我国，生产上主要栽培甜樱桃和中国樱桃。中国樱桃起源于我国西部秦岭地区。甜樱桃又叫"大樱桃"或"车厘子"，起源于黑海和地中海沿岸的土耳其，属于温带落叶果树树种，全世界温带地区都有种植。澳大利亚、新西兰、南非、智利等南半球国家生产的甜樱桃是每年的11月至翌年1月，和我们的北半球（美国、加拿大、中国等为5—7月）是反季节。中国的甜樱桃最早于1871年由美国传教士 J. L. Nevius 引进到山东烟台。我国现有甜樱桃栽培面积约350万亩，中国樱桃50万亩，总产量约170万吨。此外，我国是世界第一大进口国，2018年进口量达18.6万吨，进口额13亿美元。

　　我国甜樱桃有三大产区：（1）环渤海湾产区，包括山东140万亩、辽宁40万亩、北京5万亩、河北10万亩；（2）陇海路沿线及西北产区，包括陕西40万亩、河南10万亩、山西10万亩、甘肃5万亩；（3）西南高海拔产区，包括四川10万亩、云南10万亩、重庆5万亩、贵州3万亩。我国露地种植的甜樱桃在5—7月上市，设施栽培（大棚）甜樱桃在3月底至5月上旬上市。设施种植甜樱桃总面积已达 20 万亩，由于处于全世界樱桃生产的空档期，成熟季节棚外气候冷凉，果品食用品质和商品品质远超国外进口的车厘子，亩产值可达到 5 万～20 万元。山东甜樱桃年产量 70 万吨，占全国总产量的 40% 左右，产业前景十分广阔。

甜樱桃根系分布浅、生长势强旺、不耐湿、不耐涝、不耐旱、不耐寒，是喜光、喜肥、喜凉爽干燥气候的果树。甜樱桃果实生长周期短，从发芽到采收绝大部分集中于春季，因此，甜樱桃的春季管理尤为重要。

1. 适合山东省种植的樱桃品种有哪些？

科普知识：鲁中南早熟甜樱桃产区，应以早中熟品种为主，如齐早、早甘阳、福晨、早露、鲁樱 1 号、红密、红艳、明珠、布鲁克斯、桑提娜、美早、鲁樱 3 号、福星、萨米脱等；胶东半岛和鲁中高海拔晚熟樱桃产区，应以中晚熟甜樱桃品种为主，如先锋、雷尼、拉宾斯、艳阳、赛维、雷洁娜、甜心、斯凯娜、哥伦比亚、黑金、红南阳、佳红、科迪亚、鲁樱 4 号等；设施栽培应选择果个大、品质好、产量高、裂果少成熟期早中晚配套的品种，如齐早、美早、鲁樱 1 号、先锋、鲁樱 3 号、鲁樱 4 号、雷尼、拉宾斯、甜心、雷洁娜、甜心、斯凯娜、哥伦比亚、黑金、红南阳、佳红等。

2. 樱桃苗木定植应该注意哪些方面？

科普知识：园地整理要深挖排水沟、起垄和宽行种植。纺锤形、丛枝形的株行距（2～3）米×（4～5）米；高纺锤形的株行距（1.5～2）米×（3～4）米；超细长纺锤形的株行距为（0.75～1）米×（3～4）米。高纺锤形和细长纺锤形最好使用矮化砧木，行间要使用立柱和标杆。只要土壤解冻，春天栽植越早越好。

3. 甜樱桃的整形修剪需要注意哪些方面？

科普知识：原则上应在生长季和休眠季结合进行，但由于生产实际情况的制约，生长季和冬季整形修剪工作有时不到位，就需要在春季萌芽前修剪调整。

幼树主要是在整形的基础上对各类枝适当调整，适当疏除一些过密、交叉重叠枝，并尽量多保留一些中枝和短枝，短截粗壮枝，促发较多的分枝，以利于枝条的均衡生长。树冠内的各级枝上的小枝基本不动，使其尽早形成果枝，以利于早结果、早丰产，防止内膛空虚。初结果树应以拉枝开角为主，缓和树势，促进成花。萌芽前修剪应尽量不动大枝，减少伤口，以疏除过密枝、竞争枝为主，少短截。修剪在2月下旬至3月中旬进行。对成龄大树修剪的主要目的是调整负载量、打开光路，解决内膛光照问题。原则是去弱留壮，即疏除过密枝、竞争枝、直立旺长枝，清理掉过高过的大枝，留下壮花壮枝。对修剪大枝的伤口，必须要涂抹愈合剂，防止伤疤处发生病虫害。成花量过多的树，可以疏除部分结果枝、细弱果枝。

4. 樱桃树如何开角、拉枝或撑枝？

科普知识：拉枝或撑枝的目的是改善整体光照、缓和树势、增加果枝量，促进花芽形成，防止结果部位外移。撑枝拉枝时要注意力度，顺直地拉或撑，以保持侧枝与中心干的夹角在 $60°\sim80°$，不能把侧枝拉成平直或下垂。幼树必须注意撑拉枝的强度不能太大，以免造成侧枝与中心干的劈缝。拉枝的绳子应选用较柔软塑料捆扎绳或布条，并经常调整绑缚部位，以免缢伤枝干，引起流胶，导致树体损伤。

5. 樱桃树如何刻芽？

科普知识：是甜樱桃新栽幼树至初结果幼树枝条春季管理的一个重要环节。不进行刻芽处理，树体萌芽率、出花率低。刻芽可以分为两种，求枝刻芽和求花刻芽。所谓求枝刻芽，是在主枝上和中干枝上进行刻芽，目的是为了尽量多成枝。所谓求花刻芽，是针对侧枝和旺枝刻芽，目的是促使多形成花芽，枝条刻芽数量越多，形成的花芽也就越多。

6. 樱桃树如何疏花芽？

科普知识：与苹果、梨的混合花芽情况不同，甜樱桃的花芽为纯花芽。因此沿用苹果、梨的疏花疏果方法会增加很多的工作量。加之甜樱桃果实发育期很短，以疏果为主的方法也会浪费很多养分，不利于生产大果和花芽分化。因此甜樱桃的产量、质量控制应以疏花芽为主、疏果为辅。疏花芽应针对树势较弱的盛果期结果大树、以大量花束状果枝为主要结果部位的树体，在春季花芽萌动至花朵显现时进行。操作时需注意区分出花束状果枝上的花芽与叶芽，避免将叶芽当成花芽疏除。此外还需了解花芽冻害现象，解剖部分花芽，掌握每个花芽内正常的花朵数量。留花芽量则根据每个花芽内正常的花朵数量和以往花朵的坐果率来确定。一般每个花束状果枝留 2～3 个正常的花芽。

7. 樱桃树休眠期如何进行施肥管理？

科普知识：平衡施肥，甜樱桃和其他果树一样，在生长发育过程中需要大量的矿物质元素，如氮、磷、钾、钙、镁、铁、硼、锌等。缺少这些元素，甜樱桃就不能正常生长发育，甚至会出现相应的缺素症。

土壤解冻后第一次施肥称为促花肥，多在早春后开花前施用，促使春梢充实。施肥必须在发芽前 15～20 天，施用的肥料可以是生物菌肥和氮磷钾硫基复合肥，每棵十年生树使用复合肥 1～2 千克，可采用放射沟状施肥，也可撒施。3 月中旬，结合树下压土，修筑地堰及春耕，也可施用液体肥料灌根。

8. 樱桃树开花坐果期如何进行施肥管理？

科普知识：4 月上旬，追施坐果肥。多在开花后至果实核硬期之前施用，主要是提高坐果率、改善树体营养、促进果实前期的快速生长。每亩追施腐殖酸套餐肥 15～18 千克。这样可以缓和营养生长和生殖生长的矛盾，增强树势，提高坐果率，增大果个、提高产量。花期喷硼锌，可有效提高坐果率。

9. 樱桃树果实膨大期如何施肥管理？

科普知识：4月下旬，果实进入膨大期，此时追肥对促进果实的快速生长，促进花芽分化具有重要意义，为翌年生产打好基础。果实膨大肥以氮、钾、钙肥为主，根据土壤的供磷情况可适当配施一定量的磷肥，每亩可施用复合肥15～18千克。也可根外追肥，每隔8～10天喷施一次，保证果个大、质优及抽发的春梢粗壮、饱满。

10. 如何防治樱桃树病虫害？

科普知识：春季是病虫害的高发期，随着气温的回升，病虫活动也开始增强，应抓住早春最佳防治时期及时尽早进行防治。

① 3月上中旬（甜樱桃发芽前），为铲除枝干上越冬的病菌、介壳虫、红蜘蛛、白蜘蛛等病虫害，在芽萌动期均匀喷干枝。可选用5波美度石硫合剂，或者72%福美锌可湿性粉剂150～200倍液＋48%毒死蜱乳油800倍液＋有机硅渗透剂3 000倍液，或者72%福美锌可湿性粉剂150～200倍液＋48%毒死蜱乳油800倍液＋95%机油乳剂50～60倍液。

② 4月初（出芽展叶、花序分离期），为提高坐果率和防治叶螨、梨小食心虫、金龟子、绿盲蝽、卷叶虫等，可喷1%的甲维盐水剂1 500倍液＋硼砂500倍液。

③ 4月20日前后（谢花后3～5天），为防治梨小食心虫、金龟子、绿盲蝽、卷叶虫等，可喷25%吡唑醚菌酯乳油500倍液＋1.8%阿维菌素乳油3 000倍液。

④ 为防治流胶病和红颈天牛，建议对甜樱桃树干春季涂白。

11. 在甜樱桃花期如何进行蜜蜂授粉？

科普知识：花期放蜂可提高授粉效果，在开花前1～2天将中华蜜蜂、熊蜂或角额壁蜂、放在园中合适的位置，以使蜂适应园区环境。壁蜂、熊蜂活动能力强，对阴天、低温等不良天气有较强的适应能力，授粉效果好。注意放蜂前 10 天内不能喷药。

12. 在甜樱桃花期如何进行人工辅助授粉？

科普知识：花期如遇阴雨、大风、低温等不良天气会严重影响自然授粉的效果，导致减产，应及时采取人工辅助授粉等措施，提高坐果率。方法是从主栽品种盛花初期开始，进行人工授粉 4～5 次，主要是利用鸡毛掸子、海棉等辅助工具进行，也可在开花后的第一天到第二天人工点授。花量大时，采用自制授粉器授粉，即选用一根长 1.2～1.5 米、粗约 3 厘米的木棍或竹竿，在一端缠上 50 厘米长的泡沫塑料，泡沫塑料外包一层洁净的纱布，在主栽品种和授粉品种之间轻轻交替擦花，达到采粉授粉的目的。大面积授粉时，也可将采集的花粉与填充物混合或配制成悬浮液，进行机械喷粉。

13. 甜樱桃果期如何管理？

科普知识：甜樱桃花后幼果生长期，也是新梢的旺长期，营养要求比较高，要及时施肥补充营养，促进果实生长发育。花后 1 周左右，要进行摘心，摘去新梢幼嫩先端，保留 10 厘米左右，可以大大减少新梢旺长对营养的争夺，有利于幼果的发育。落花后 2～3 周，要进行疏果，疏去小果和畸形果。果实第一次膨果发育程度决定了采收时的果实大小，因此在第一次膨果期，建议结合灌溉冲施高钾水溶肥，叶面喷施磷酸二氢钾＋氨基酸钙叶面肥＋芸薹素内酯，促进膨果。对裂果严重的品种，还需要及时喷施叶面钙肥。同时，要继续采用摘心的方法，控制好新梢的旺长，减少新梢与果实竞争营养，为甜樱桃的丰产丰收奠定基础。

14. 如何预防樱桃树晚霜危害？

科普知识：早春气温不稳定易发生倒春寒，会冻伤、冻坏萌发的花芽或幼果，直接影响当年产量。因此，应及时采取综合措施，预防和减轻倒春寒的危害。

①加强果园全年综合管理水平，增加树体贮藏营养，提高树

体抗逆性。

②　灌水保墒。甜樱桃萌芽后应随时注意天气变化，降温前及时灌水，改善土壤墒情，减小地面温度变化幅度，防御早春冻害。

③　喷施有防冻效果的药剂。

④　树上喷水弥雾或园内熏烟。果园水池备好水、园内备好麦糠、植物秸秆等材料，在霜冻来临时，全园弥雾或熏烟，减轻晚霜危害。

⑤　有条件的果园可架设简易防霜冻设施，如建立防寒大棚或安装大风扇等设施。

二、葡萄

1. 葡萄秋冬季管理的重要性？

科普知识：冬季管理是葡萄管理的重要时期，如果忽视当年采后管理，经常会导致植株郁蔽、病害发生严重、花芽分化不好、落叶提前、枝条不充实等现象发生，使树势减弱、养分积累不足，造成翌年春季葡萄发芽率低，萌芽不整齐，对翌年葡萄产量和质量都有很大影响。加强此期管理，方能保证葡萄产业持续稳定发展。

2. 葡萄园为什么要在秋季施基肥？

科普知识：基肥多在秋季葡萄采收后进行。葡萄植株经春夏季生长和结果，树体营养消耗很大，急需补充养分。此时施基肥可迅速恢复树势。秋季温度较高，有利于有机肥的分解，而且植株叶片仍有较强的光合能力。施用基肥后，营养元素供应充足，叶片将继续制造大量的营养物质，促使新梢充分生长成熟和花芽深度分化，且将大量养分贮藏于根、茎中，为葡萄的越冬和翌年生长结果打下良好的物质基础。秋季早施基肥，被切断的根系愈合较快，能迅速生长新须根。而春季土温较低，根系切断后不易愈合，肥料分解较慢，不能适应春季葡萄旺盛生长的需要。再者，避免了因施肥而造成的土壤干旱，秋施基肥水源足、气温高，可使肥料尽快分解、被根系吸收，使葡萄秋叶制造更多的养分，供葡萄越冬和春季生长所需。如春季施肥则达不到上述结果。

3. 葡萄秋施基肥的合适时间是什么？

科普知识：可以分别在收获和落叶环节进行。在葡萄收获后进行施肥，有利于根系的再生，如果这一环节没有及时地供给肥料，将造成葡萄的根际不能及时吸收养分，从而不利于葡萄的再生长。在葡萄落叶前后期进行施肥可以增加土地的营养含量，提高土壤肥力，对葡萄树的根基也具有保护作用。基肥是葡萄园施肥中最重要的一环，从葡萄采收前后到土壤封冻前均可进行。但生产实践表明，秋施基肥愈早愈好。一般说来，早中熟葡萄在采收后半月即可施入，晚熟葡萄在采收前施入，最晚在10月上旬施完为好。

4. 葡萄如何进行秋季沟状施肥？

科普知识：沟状施：一般沿定植行开沟施入。若定植前第一次施基肥，可沿定植沟向外开30厘米宽、60厘米深的沟。开沟时，表土、生土分开放，施肥前，先回填一层（10厘米左右）表土，再施入基肥，填表土。然后，将土、肥搅拌几次，最后以生土回填至沟平，余土作埂，便于浇水。

5. 葡萄秋季施肥应注意哪些问题？

科普知识：①基肥以有机肥为主，一定要腐熟后施，特别是鸡粪。②避免伤害粗根。③可根据园中土壤的含肥情况，酌加缺乏的元素，特别是一些中微量元素。④施肥后一定要浇一次透水。⑤酌定施肥量。在有机肥充足的条件下，每亩施优质农家肥4 000～5

000 千克，这样有利于浆果品质的提高。⑥施用基肥多采用开沟施肥的方法，沟的深度与宽度随树龄的增加而加大。⑦幼树可在定植沟的两侧挖沟，也可在株间挖沟。成龄树一般采用隔年隔行轮换开沟施基肥的办法，篱架栽培的沟深、宽各 40～60 厘米，棚架栽培的沟深 60～80 厘米、沟宽 50 厘米左右。葡萄树肥料主要选择有机肥。

6. 葡萄树底肥有哪几种？

科普知识：葡萄树底肥：一是有机肥，选择腐熟好的优质农家肥或商品有机肥，农家肥施肥量一般每亩 3 000～5 000 千克、商品有机肥一般每亩 300～500 千克；二是化肥，一般每亩施用尿素 15～20 千克、硫酸钾 15～20 千克、过磷酸钙 35～50 千克，也可选用复合肥，每亩施用氮、磷、钾含量均衡的复合肥 50～60 千克；除大量元素肥料外，根据土壤情况，可适当施用钙、镁、锌、硼等中微量元素肥料。采用挖沟施肥方式，一般沟深 45 厘米、宽 35 厘米，施肥后用土覆盖。

7. 葡萄枝条修剪需注意哪些方面？

科普知识：葡萄收获后，需要调整葡萄树架面，保证架面较好的空气流通性。剪除较为贫瘠、稀少的枝干及较高枝条和密度较小的枝干、病虫害枝干等，保证葡萄树木的健康成长和健康枝条的营养供给。葡萄树的剪枝作业，通常在落叶后进行，保证当时的叶片没有被封冻。对于单一架面，首先选择出主要枝干，剪除较为细小、密度较小、重叠、受病虫害影响的枝干。对于一年生枝条，其剪切程度要依据芽的位置、生长形势和枝条的粗壮程度确定。在葡萄树萌芽时期的管理，对于果实产量较好的葡萄品种要进行中梢修剪作业；对于萌芽能力较差、果实产量较少的葡萄品种，中长梢不修剪。剪切较短的树梢时，遗留 2～3 个葡萄芽；进行中梢剪切作业时，保证其遗留 5～8 个葡萄芽；进行长梢剪切作业时，保证其遗留 9～11 个葡萄芽。秋冬季节，杂草生长较快，要注意及时清除，避免杂草大范围生长，以免影响葡萄树的整体生长，为秋冬季节的葡萄树生长创造良好的生长环境。

8. 葡萄秋季的田间管理需要注意什么？

科普知识：干旱对植株叶片影响最大，常引起叶片过早地枯死和脱落，不利于树体养分积累。8—10月，葡萄常面临秋旱威胁，因此要注意抗旱灌溉，如果连续出现干旱晴天15～20天，就要灌溉。灌溉可选用沟灌和穴灌等方式。沟灌是在葡萄行间开沟，深20～25厘米、宽40～50厘米，并与灌溉水道垂直。行距2米的成年葡萄园在2行之间开1条沟即可，灌溉完毕将沟填平。穴灌是在主干周围挖穴，将水灌入其中，以灌满为度，穴的数量依树龄大小而定，一般4～8个，直径30厘米左右，穴深以不伤根为准，灌后将土还原。严禁漫灌、猛灌、久灌。

抑制枝蔓：果实采收后，葡萄枝蔓持续生长，将消耗树体养分，因此应采取摘心抹除副梢等措施控制其生长，以减少养分的无效消耗，促使主蔓及被保留的副梢粗壮，芽体饱满充实。也可用喷0.05%的比久溶液抑制旺长。同时，还应对枝蔓进行合理的修剪，粗壮的枝多留，瘦弱的枝少留，过密枝、细弱枝、病虫枝应尽早疏除。

中耕松土：秋季果园杂草丛生、土壤透气性差，采果后要及时中耕除草，并进行深翻，这样既有利于园内土壤疏松透气，又可保水保肥，促进新根新梢生长。

减少损伤：有些农户在葡萄采收后，大量剪除副梢和老叶，这样既影响当年枝条成熟，又易逼发冬芽，严重影响翌年植株的生长和结果，一般采后不摘叶、少除梢，尽量保留健壮枝叶。同时，在田间作业时要防止机械损伤枝叶，以保证枝蔓正常老熟。

9. 葡萄秋季的病虫害预防有哪些方面？

科普知识：病虫害是影响秋冬季节葡萄树健康的主要因素，因此，要增加对葡萄树病虫害的关注度，保证葡萄树健康生长。对收获后的葡萄树进行病虫害的预防和管理可以消除病虫害来源，为翌年种植奠定良好基础。利用多菌灵和甲基硫菌灵可有效预防和治理白腐病等。修剪完葡萄树后，及时清理修剪掉的病虫害枝条，避免病害和虫害的二次扩散。在枝条修剪结束后5～8天，喷洒4～5波美度石硫合剂，对整个葡萄园进行消毒，消除病源和虫源，降低病虫侵袭的发生率。

10. 葡萄采果后如何防治霜霉病？

科普知识：①采果后的管理。采果后，8—9月是霜霉病的发病盛期，其主要症状是叶片受害后，初期呈现半透明、边界不清晰的油渍状小斑点，多个病斑常相互联合成大块病斑，多呈黄色至褐色多角形。天气潮湿或湿度过高时，在病斑背面产生白色霜霉层，常引起叶片焦枯早落。因此，采果后要立即清扫果园，清除病枝叶，并进行土壤深翻。②科学施肥，加强管理。在植株生长期间，避免偏施氮肥，增施腐熟有机肥和磷钾肥，提高植株的抗病力；并及时整枝，合理修剪，防止枝蔓和叶片过密。③进行药物防治。采果后立即喷施1：（0.5～0.7）：200倍式波尔多液预防霜霉病的发生，抓住病菌侵染前的关键时期喷施第一次药，以后每隔半月喷1次，一般喷3～4次；发病后及时喷施65%代森锌可湿性粉剂500倍液，或者40%三乙膦酸铝可湿性粉剂300倍液，每隔7～10天喷1次，连喷2～3次。

11. 葡萄园如何进行越冬防寒？

科普知识：在冬季温度低于−14℃的地区必须要进行埋土防寒，否则葡萄不能安全越冬，目前全国各地主要采用以下几种越冬防寒技术，每种技术和方法都应该结合自身葡萄基地条件合理应用。

（1）沙埋或土埋防寒。先将冬剪的葡萄枝蔓顺沟捆扎好，在葡萄树主干两侧0.8米以外的行间取土，不得离根部太近，以免使寒冷气流从取土沟处向葡萄树根部侵袭，造成根系冻害。防寒埋土的宽度（底宽）不能小于1.2米，正面呈弧形，厚度为0.5米，保证土层高出葡萄枝蔓 0.2 米以上，埋后用锹将土层拍实即可。当然，埋防寒土的厚度还应结合当地的土质条件，沙土地埋土应厚些，在地表向风坡扎一些稻草防沙障，以防风吹暴露出葡萄枝蔓，降低冻害和抽干的发生。

（2）秸秆埋土防寒。先将冬剪的葡萄枝蔓顺沟捆扎好，在葡萄树主干四周用秸秆堆压 0.2 米，然后再用土埋压秸秆，埋土厚度为 0.2 米左右，这样会大大降低埋土量，翌年秸秆还可以用于还田肥地，效果较好。

（3）开沟埋土法。在行边离主干 0.2～0.3 米处顺行向开一条宽、深各 0.3～0.4 米的防寒沟，将枝蔓放入沟中，然后用土掩埋高出葡萄枝蔓 0.2 米以上即可。该方法取土量小，对生态保护有一定好处。

（4）塑料薄膜防寒。将冬剪后的枝蔓捆扎好，在枝蔓上盖少许土，然后再用塑料薄膜覆盖，四周用土培严，防止冬季被风吹掉，效果极佳，但较费工。

（5）覆盖防寒材料。近年来，广大科技工作者对葡萄冬季覆盖材料进行研究，有一些成功的案例，但仍处于研究阶段，只能小面积推广示范。

三、蓝莓

1. 蓝莓种植管理技术有哪几种？

科普知识：山东省蓝莓有 3 种种植模式：露地栽培、温室栽培和塑料冷棚栽培。露地栽培是最常规的栽培方式，面积最大，约

5万亩；温室栽培和塑料冷棚栽培可人为控制蓝莓生长环境，使果实提前成熟上市，提高效益。塑料冷棚建造成本低，可比露地提前20天左右上市。温室栽培成本较高，但可有效控制白天温度在20～25 ℃、夜间温度不低于 5 ℃，比露地提前 50～60 天上市。

2. 蓝莓种植如何选择园地？

科普知识：高灌蓝莓为多年生落叶灌木，属浅根性无根毛的果树，喜透气性良好的沙壤土，pH 4.0～5.0 的（酸性）土壤为最适宜。在山东省沙石山冲积形成微酸性土壤，冬季定植之前可施用150 千克/公顷硫磺粉中耕，以降低土壤的 pH。栽培早中熟品种的地方无霜期 120～140 天，晚熟品种无霜期最少 160 天。高灌蓝莓不耐夏季高温和强光，在夏季高温条件下最好有遮阳网，地温过高影响根系生长，强光对叶片有一定伤害。

3. 泰安地区蓝莓如何定植？

科普知识：在山东泰安的气候条件下，春季移栽到田间的北高灌蓝莓试管苗，到秋季许多新梢顶部能形成花芽。冬季定植前每亩使用 150 千克硫磺粉、200 千克硫酸亚铁以便降低土壤的 pH，每亩使用 10 米^3 牛粪，此外，每株施草炭至少 2 千克以增加土壤有机质含量。定植后 4～5 年进入结果盛期，成年植株高度 2.0 米左右。因此，建议采用二年生苗建园，定植的株行距 1 米×2 米。定植后树盘内实行覆草。

4. 蓝莓定植后的管理需注意哪些问题？

科普知识：定植当年应剪去所有的花芽，疏除细弱枝。蓝莓的根系为须根、无根毛，根系分布层浅，因此应加强土肥水管理，特别是应保证充分供水。新梢旺长期，根据新梢叶片的形态来确定土壤施硫酸亚铁肥、氮肥（碳酸氢铵或硫酸铵）及有机或无机复合肥。定植当年冬季应扣塑料薄膜拱棚防止抽条。

5. 蓝莓的病害防治方法有哪些?

科普知识:蓝莓相对于桃树、梨树等大宗水果,病虫害较少,但也要注意防治。主要病害有枝枯病、叶斑病及根腐病。

① 枝枯病防治。剪去有症状的枝条下15～20厘米并销毁;加强水肥管理,增强树势,保持园区卫生,修剪后把病枝、老枝等及时清理出园区焚烧;温室内应控制温湿度,定时开棚放风;雨后及时排水。药剂防治可用唑醚·啶酰菌胺1 000倍液喷雾;或嘧菌环胺·咯菌腈1 500～3 000倍液喷雾;或吡唑嘧菌酯2 000倍液喷雾。②叶斑病防治。可用苯醚甲环唑2 000倍液喷雾;或嘧菌酯1 500倍液喷雾;或多氧霉素B 1 500倍液喷雾。③根腐病防治。合理的土肥管理,增强树势;避免种植在低洼处;连续阴雨天气保持垄内排水通畅,避免积水;农事操作避免伤根。药剂防治可用噁霉灵＋甲霜灵800倍液灌根,或哈茨木霉菌300倍液灌根。

6. 蓝莓的虫害防治方法有哪些?

科普知识:

(1) 蚜虫和螨类害虫防治。可以喷施乙酸铜、吡蚜酮等药剂防治蚜虫及其幼虫。防治螨类害虫,可用哒螨酮等加以防治。

(2) 蛴螬防治。灯光诱杀,根据金龟子的趋光性,利用黑光灯诱杀成虫,降低蛴螬的危害。药剂可用50%辛硫磷乳油800～1 000倍液灌根。

(3) 斑翅果蝇防治。①清园。及时采摘成熟果实,清除园中落果、过熟果及腐烂果并深埋处理,可有效减少该虫的种群数量。②成虫诱捕。在诱捕器中装入苹果醋,液面高约2厘米,并加入酵母或香蕉片,将诱捕器悬挂于寄主作物中诱捕成虫,并且可通过诱捕监测斑翅果蝇发生动态,监测时间一般在寄主作物开始授粉时进行。③诱杀。用性诱剂和含有诱饵成分的杀虫剂(GF - 120)喷洒黄粘板,诱杀斑翅果蝇。该方法对天敌等非目标昆虫影响小。④化学防治。采用拟除虫菊酯、氯氰菊酯等药剂,隔3～10天喷1次,连喷两次,对斑翅果蝇的防治效果显著。

第三章 食用菌

食用菌

1. 平菇的生产特点有哪些?

科普知识：平菇是山东省第一大栽培菇类，占到全省食用菌年总产量的1/3，栽培历史较长，生产经验丰富，栽培技术易掌握，单产水平高，生产条件要求简单，投资较少，见效快，已成为一种大众化消费的食用菌，市场销售量大，生产效益相对稳定。但由于平菇绝大多数是菇农分散式栽培，设施条件较差，生产方式较为粗放，不注重环境卫生管理，杂菌和病虫害发生较为普遍，严重影响了平菇的高产稳产。同时，不科学的防治措施和流通手段也使平菇鲜菇的品质安全受到威胁，导致市场受阻、栽培效益大幅降低。因此，平菇产业需提质增效精细化栽培管理。

2. 平菇的栽培原料有哪些?

科普知识：平菇栽培主料极其广泛：棉籽壳、玉米芯、废棉渣、棉秆、玉米秸、麦秸、豆秸、花生秧、花生壳、地瓜秧、蔬菜秸秆、阔叶树木屑、木糖醇渣、菌渣废料、中药渣、牧草渣、果渣、牛粪、杂草、树叶等都可作为栽培基质。增产辅料丰富：麸皮、米糠、玉米粉、植物饼粉、豆渣、淀粉渣、虫粪沙及尿素、粗糖、石膏粉、贝壳粉、过磷酸钙、石灰粉等。

3. 平菇的栽培设施有哪些？

科普知识：平菇栽培设施多样，普通冬暖大棚、半地下式塑料大棚、简易大拱棚、双网双膜风帘新型菇棚、林间地沟小拱棚、菌菜一体化阴阳复合棚、砖混结构层架菇房、光伏食用菌大棚、闲置房屋等均可。

4. 平菇从温型上怎样分类？

科普知识：低温型：7～16 ℃；中温型：15～25 ℃；高温型：18～33 ℃；广温型：8～30 ℃。菌丝生长：最适 22～26 ℃（15～28 ℃）；子实体生长（分化、发育最适温度）：8～28 ℃。属变温结实型：分化时需 8～10 ℃的昼夜温差刺激。常用栽培品种有抗病3号，是冬季主栽品种，中低温，灰黑色，叶片肉厚，菌柄硬质，抗病性好，生物转化率可达 150%。

5. 鸡腿菇作为一个优势特色菇种，其市场前景如何？

科普知识：鸡腿菇又名鸡腿蘑、毛头鬼伞、刺蘑菇，幼时肉质细嫩，鲜美可口，是一种食、药兼用菌，味甘性平，有益脾胃、助消化、清心安神、治痔、降血糖、抗癌等功效。每 100 克鸡腿菇干菇中，含蛋白质 25.4 克、脂肪 3.3 克、总糖 58.8 克、灰分 12.5 克。含有 20 种氨基酸，其中人体必需的 8 种氨基酸全部具备。其氨基酸比例合理，在菇类中氨基酸含量较高，味道鲜浓，特别是赖氨酸和亮氨酸的含量十分丰富。此外，还含有丰富的钙、磷、铁、钾等元素和 B 族维生素等多种维生素。鸡腿菇鲜菇、干片菇、罐头菇等产品在国内国际市场上很受欢迎。鸡腿菇是山东省食用菌产业的一大支柱品种，生长条件粗放，产量高，出口量大，其栽培技术易掌握，发展前景好。

6. 鸡腿菇优质高产标准化生产技术有哪些?

科普知识：关键环节有栽培料发酵处理、覆土、病虫害预防、及时采收及采后处理、换茬清理消毒。

及时采收：鸡腿菇子实体成熟的速度快，必须在菇蕾至幼菇期采收。当菌环松动或脱落后采收，子实体在加工过程中菌盖易开裂、氧化褐变，甚至菌褶自溶流出黑褐色的孢子液而完全失去商品价值。

7. 灵芝的栽培管理要点有哪些?

科普知识：灵芝属高温栽培品种，子实体在 $18\sim32$ ℃均能进行原基分化，以 $25\sim30$ ℃最适。北方地区 3 月初安排制母种，3 月中旬安排制原种，4 月中旬制栽培袋（瓶），5 月中旬即可安排出芝。

（1）发菌期管理。将接完种的菌袋码放在干净的发菌室进行发菌，温度保持在 $25\sim28$ ℃，湿度 70％以下，经常通风换气。待培养料内长满菌丝，移入出芝场地准备开口催芝。

（2）出芝管理。子实体培养场所的气温最好控制在 $25\sim30$ ℃，不能较长时间低于 20 ℃或高于 35 ℃，否则原基分化和子实体形成会受到严重抑制。菌袋开口前地面灌水一次，开口后每天洒水，使空气相对湿度达到 90％左右；但不要直接向原基和幼芝上喷水；菌盖开始成熟、孢子粉大量散发时，也不要向菌盖喷水，以免冲掉孢子粉，影响商品性。灵芝是好气型真菌，要求有充足的氧气，每天要求通风 2 次，每次 2 小时以上，阴雨天可全天通风，晴天可在早晚通风。

（3）采收管理。当灵芝菌盖边缘黄白色消失时，进入成熟期，此期菌盖不再扩展，但可继续增厚、增重，此时不要再喷水，关闭通风口，在地面铺两层地膜或灵芝片套袋，用来收集孢子粉。当菌盖边缘微黄色消失、呈红棕色、出现光泽并有一定硬度时，即可采收，采收时用刀齐根割下，不带培养基，晒干即可装袋封口保存。

灵芝生物学效率（干重）可稳定在 10% 以上。

8. 灵芝如何装袋接种？

科普知识：灵芝的代料栽培为熟料栽培，按照配方将原料拌匀，用（16～18）厘米×（35～45）厘米的聚丙烯塑料袋装料，两端扎口，装好的料袋及时灭菌处理。灭菌后当料温降到 30 ℃以下时，在无菌的接种室或接种箱内两头接种。

9. 猴头菇无公害高产栽培场地应怎样选择？

科普知识：由于猴头菇的生长发育对温度、湿度等环境条件要求比较严格，使其栽培场地受到限制。山东地区栽培猴头菇宜在塑料大棚或温室内进行，菇农也可利用冬季蔬菜大棚、库房、山洞、室内等场地。建造塑料大棚时，应选地势平坦、靠近水源、环境洁净的地方建棚。大棚规格：东西长 20～25 米（根据栽培规模大小确定），南北宽 8 米，北墙高 2.8 米，南墙高 1.6 米。墙体要厚以利保温，南墙每隔 3 米设窗口以利通风。棚内地面下挖 0.5 米，棚顶采用无滴膜覆盖保温。猴头菇栽培应采取室内培育菌袋、出菇棚吊袋或棚内层架式坐袋出菇的栽培方式。

10. 猴头菇如何接种？

科普知识：因为猴头菌原基分化较早，为使菌丝尽快发育，应采取两点接种法。先将一小块菌种沿接种穴送入培养料的深部，然后再将另一块较大的菌种固定在接种孔上，以便上下同时发菌。接种完毕后移入发菌室进行发菌。

11. 猴头菇发菌管理要点有哪些？

科普知识：即菌丝培养。菌袋进入发菌室后，在适宜条件下，25 天左右菌丝即可长满菌袋。为了使其顺利完成发菌，为高产优质打下坚实基础，在发菌管理阶段应注意以下几点：

（1）堆放菌袋。根据自然气温灵活确定菌袋入发菌室后的堆放方式。气温高时一般单层横排于架上，袋之间要有空隙，菌袋多时，也可取"井"字形双层排放。气温低时可双层或多层排放。

（2）调节室温。菌袋初入发菌室的前几天，室温应调到24～26℃，以使所接菌种在最适环境中尽快吃料，定殖生长，形成优势，减少杂菌污染。当菌袋表面出现白色的菌丝时，菌丝开始生长，此时袋内温度上升，比室温高出2℃左右，为此应将室温调至24℃以下。

待菌丝长满培养料的1/3、蔓延直径达拳头大小时，菌袋新陈代谢旺盛，室温以控制在20～23℃为宜，并可适当打开棉塞，增加供氧以加快菌丝生长速度。

（3）控制湿度。发菌期菌丝是依靠基内水分生产，不需要外界供水，因此室内空气相对湿度能达60％即可。室内空气湿度较大时，往往会使菌袋棉塞潮湿，导致杂菌滋生。要注意的是发菌需保证黑暗条件，湿度较大需要通风时，宜在夜间进行。

（4）查菌袋。菌袋入培养室后3～4天，一般不宜翻动。7天后检查菌丝生长情况和有无污染杂菌。一旦发现杂菌污染菌袋，立即清出，焚烧或深埋处理以防传染。

12. 猴头菇出菇管理要点有哪些？

科普知识：菌袋经过20多天发菌培养，菌丝达到生理成熟，即从营养生长转入生殖生长，开始猴头菇的生长发育。此时应从如下方面加强管理：

（1）菌袋开口。进入出菇期的菌袋，应立体排放堆高8～12层，注意为防止菌袋发热，通常每两层菌袋放一层竹竿，对菌袋起固定作用。菌袋全部拔掉棉塞，或将袋口松开，以增加通气量，促进原基生长。

（2）调整温度。菌袋进菇棚后，温度要调至14～20℃。在适宜温度刺激下，原基很快形成。菇棚内温度低于12℃，原基不易形成，已形成的猴头菇容易发红。温度超过23℃，子实体生长发育也缓慢，菌柄增长，菇体形成菜花状畸形。温度超过25℃，子实体会萎缩死亡。因此，菇棚温度调整至适宜的 14～20 ℃是猴头菇栽培成败的关键。

（3）保持湿度。当菌袋进入出菇期后，需要通过向菇棚空间、地面喷水的方式，使菇棚相对湿度达到 85％～90％，保持菌袋料面湿润，保证原基形成，子实体正常生长发育。如果菇棚湿度低于70％，原基不易形成，已分化的原基会停止生长；如果菇棚湿度高于 95％，加上通风不良会造成杂菌滋生，子实体腐烂。

（4）通风。菌袋进入出菇期后，要特别注意菇棚通风换气，保持菇棚空气新鲜。通风少时，会出现畸形菇；通风多时，应注意通风与保湿的关系，应先喷水后通风，保证菇棚内空气的相对湿度在85％～90％，保持空气新鲜，以利子实体正常生长发育。

（5）光照。保持一定光照，子实体形成的生长发育过程中，需要 200～400 勒克斯的光照强度。若菇棚光照太强，则菇体发黄、品质下降，影响价格；若光照太弱，则会造成原基的形成困难或形成畸形菇。

13. 白灵菇发菌培养技术要点有哪些?

科普知识：

（1）发菌房。发菌房要求洁净无尘，温度控制在 20～23 ℃，空气相对湿度控制在 55％～70％，二氧化碳浓度控制在 0.15％以下，避光发菌。

（2）发菌培养。接种后，将菌袋整筐移入发菌房内进行发菌培养。每天检查菌袋 1 次，观察菌丝生长情况，发现杂菌污染菌袋及时将其清出。接种 30～35 天后菌丝可长满菌袋，再后熟 8 天左右转入催蕾室。

14. 白灵菇菌丝体后熟管理要点有哪些?

科普知识：菌丝长满菌袋后，需继续进行后熟培养，在温度20～25 ℃、空气相对湿度 70％～75％的环境下再培养 30～45 天，才能正常出菇。后熟阶段应加强发菌室通风换气，促进菌丝生理成熟，同时要注意保持培养料含水量。后熟阶段尤其是后期光照强度达到 200～300 勒克斯的散射光为宜，利于菌丝生理成熟，促进菌丝扭结。菌袋菌丝生理成熟的标志为：菌丝发育浓白，菌袋坚实，具有弹性，形成一定菌被，在菌袋塑料膜和菌料表面间隙部位开始出现白色米粒状原基。

15. 白灵菇搔菌、催蕾和疏蕾技术要点有哪些？

科普知识：

（1）搔菌。白灵菇菌袋解去扎绳，稍松开袋口，将铁丝钩耙伸进袋内，耙掉菌种块及周围直径约 3 厘米的菌皮，但其他部位的菌丝不要搔动，增加菌丝透气和适度光照，促其定位出菇。搔菌后为了促进菌丝恢复生长，应及时喷雾保湿，不使搔菌处料面干燥。此阶段菇房内温度控制在 15～20 ℃为宜，空气相对湿度保持在 80%～85%，让菌丝体继续在适宜环境中积累养分。

（2）催蕾。当菌袋搔菌处长出白色绒毛状菌丝，即开始进行低温及温差刺激催蕾，要求菇房内温度控制在 3～18 ℃为宜，连续 5～7 天温差保持在 10 ℃以上；空气相对湿度应不低于 80%；同时保持 300～800 勒克斯光照强度和良好通风。经低温及温差刺激，搔菌处可分化出白色米粒状原基。

（3）疏蕾。当白灵菇原基发生后，菇房内保持 13～15 ℃的相对稳定温度，以促进原基的生长发育，勿超过 20 ℃或低于 10 ℃；菇房内空气相对湿度增至 85%～90%；保持菇棚内空气新鲜和一定的散射光，6～7 天可形成白灵菇菇蕾。当菇蕾为黄豆至花生大小时，对丛生蕾采取选优去劣，去掉多余的菇蕾，为生产优质商品菇打下基础，一般每袋留一朵，同时将袋口拉直张开，棚温控制在 14～16 ℃为佳，空气相对湿度保持在 90%左右，以促进菇蕾生长。

16. 白灵菇出菇生长管理技术要点有哪些？

科普知识：从菇蕾形成到子实体发育基本成熟需 7～10 天，此期是实现白灵菇优质高产的关键时期之一。菇蕾发育成小幼菇后，可完全敞开袋口并翻卷至接近料面，使子实体迅速生长，加大菇房通气量；光照强度保持在 150～300 勒克斯较为适宜；温度应调控在 12～18 ℃；空气相对湿度控制在 85%～90%，湿度差不可过大。

17. 白灵菇采收及采后处理技术要点有哪些？

科普知识：白灵菇应在菌盖充分展开、边缘稍有向下卷边、孢子尚未弹射时及时采收，轻采、轻拿、轻装，保持菌盖完整，减少机械碰撞与损伤，勿留下指纹污印、杂质，单朵菇重一般为 150～200 克或更高。将修整分级的白灵菇菇体盛放在透气的周转容器内，移至阴凉通风处风干 0.5 小时左右，去除表面水分，用吸水保鲜纸包好，及时移入 0～1 ℃冷库中充分预冷，时间以 15～20 小时为宜。预冷完成后，将菇体分装在气调保鲜袋中，盛放在周转筐或纸箱内，或预冷后直接封装于泡沫箱内，每箱重量以 5 千克为宜，置于 1～3 ℃的环境下储藏和运输。

第四章 牧　　草

牧草

1. 优质牧草有哪些特点？

科普知识：主要为豆科的苜蓿、红豆草、田菁等，禾本科的多年生黑麦草，叶菜类的菊苣、籽粒苋等。其中，苜蓿为多年生豆科牧草，在山东省已进入规模化种植与商品化生产发展阶段，其特点如下：

（1）粗蛋白质含量高。粗蛋白质含量高达 20％以上，粗纤维含量低，适口性好，维生素含量丰富，被誉为"牧草之王"。

（2）适应性好。苜蓿现有品种丰富，部分耐盐碱、抗病虫苜蓿品种在山东省推广种植效果好。

（3）土壤改良效果好。苜蓿根部着生大量根瘤，具有较强的固氮功能，可大量固定空气中的氮，土壤改良效果显著。

（4）饲草产量高。苜蓿再生能力强，每年可刈割 3～5 次，每年 5 月收割第一茬，之后间隔 30 多天可收割一次，全年干草产量可达 1 吨以上。

苜蓿以晒制干草为主，山东省 6—8 月为雨季，干草晒制受到限制，可采取加菌半干青贮解决干草晒制困难问题。

2. 适合在山东省推广种植的牧草品种有哪些?

科普知识:可在山东省推广的牧草品种有鲁苜 1 号、鲁苜 18、中苜 1 号、皇后、三得利、维多利亚等。其中由山东省农业可持续发展研究所选育的鲁苜 1 号品种可在含盐量 0.35％的地块正常生长,且返青早,产草量高,开花晚,一年可刈割 4～5 茬,在含盐量 0.3％的地块每亩干草年产量达 1 151 千克;初花期蛋白质含量在 18％以上,适合山东省黄河三角洲地区大面积的盐渍地、低产田地区推广种植,解决了黄河三角洲盐碱地耐盐优质高产牧草品种的生产需求,是山东省育成的第一个紫花苜蓿品种。优质高抗紫花苜蓿新品系鲁苜 18 蕾期株高 70～90 厘米,茎秆细弱,株型直立。叶片长椭圆形,叶色深绿,叶量丰富。花多淡紫,多分枝。在含盐量为 0.3％左右的土壤上生长正常。耐热抗旱,耐瘠薄,适应性广,适宜在黄河三角洲地区、滨海盐渍土区及广大农区种植。播后第二年干草产量高,宜早期收割,一年可刈割 4～5 茬,病虫害少而轻,综合抗逆性较强。

3. 紫花苜蓿品种特征有哪些?

科普知识:紫花苜蓿产量高、营养丰富、再生性强,并在水土保持、植物修复等方面应用广泛,作为一种优质牧草有很高的饲用和生态价值,被誉为"牧草之王"。紫花苜蓿在山东省以秋播最好,此时地下害虫少,杂草少,可在冬至前后播种,播种量 18～20 千克/公顷。春播在 3 月中下旬,但易春旱,杂草多,地下害虫多,需加强田间管理。田间管理时注意中耕除草和增施磷肥、有机肥作基肥。

4. 三叶草的品种特征有哪些?

科普知识:三叶草又名车轴草,多年生草本植物。其茎叶细软,叶量丰富,粗蛋白质含量高,粗纤维含量低,既可放养牲畜,又可饲喂草食性鱼类,是优质豆科牧草。三叶草的最佳播种时间为春秋两季，最适生长温度为 20～25 ℃。春季于 3 月底至 4 月底，气温稳定在 15 ℃以上即可播种。秋季一般于 9 月中下旬在果树行间种植。可撒播，也可条播，播种量均为 7.5～9.0 千克/公顷。田间管理要及时灌溉和注意病虫害防治。

5. 红豆草的品种特征有哪些？

科普知识：红豆草又称为驴食豆、驴喜豆和圣车轴草，原产于欧洲，是豆科红豆属多年生草本植物，是各种家畜喜食的优质牧草，被称为"牧草皇后"。红豆草根系发达，入土可深达 12 米，根瘤较多，可生物固氮，有改良土壤的效果。播种时间，春、夏、秋三季播种皆可，春播一般在每年的 4 月中下旬至 5 月上旬，当年可开花结果，但产量较低；秋播应在 9 月底之前，以利幼苗越冬。除单播外，红豆草也可与禾本科的黑麦草等混播。一般条播或撒播，以条播为好，条播行距 30～40 厘米，播种量 45～60 千克/公顷。红豆草产量高，每亩鲜草产量可达 5 000～6 000 千克；营养丰富，富含蛋白质、氨基酸和矿物质，适口性好。红豆草具有较强的抗旱抗寒能力，一次种植可利用 4～6 年，青割青饲以现蕾期收获为宜，调制干草则在现蕾期至结实期收割为宜。留茬越高再生产量越低，因此，留茬高度宜低不宜高，一般以齐地收割为好。与其他豆科牧草相比，其最大的特点是牲畜食后不得臌胀病。

6. 黑麦草的品种特征有哪些？

科普知识：黑麦草茎叶中粗蛋白质含量和维生素含量高，适口性极佳，是禾本科牧草中品质最好的。黑麦草产量高，中等肥力条件下，每亩鲜草产量可达 7 500 千克，高水肥条件下，每亩鲜草产量达 10 000 千克。黑麦草在山东省以秋播为好，播量 15 千克/公顷，播深 2～3 厘米。应施足有机肥作底肥，春季返青期追施氮肥。黑麦草适于作为牛、羊、猪、禽、兔的优良青饲料，还是草食性鱼类的上乘青料。黑麦草在夏秋晒制成的干草，可作为牛、羊、兔冬春优质青干草或打成青干草粉在猪、禽、兔配合饲料中应用。

7. 大刍草的品种特征有哪些?

科普知识:大刍草又名墨西哥玉米,丛生,茎粗,直立。由山东省农业可持续发展研究所育成的鲁牧 2 号大刍草植株直立,分蘖数 3～7 个,主茎粗 4.2 厘米,分蘖粗 2.8 厘米,三叶期平均株高 21 厘米,抽雄期平均株高 176 厘米。叶均长 90 厘米,宽 4.6 厘米,叶色深绿。雄穗顶生,雌穗着生于各节,每节 3～5 个雌穗。每穗有种子 8～16 粒,千粒重约 75 克。成熟种子颜色以褐色、灰褐色为主。再生性强,分蘖多,一年可刈割 3～5 次,适宜多茬刈割鲜饲或青贮;种子品质好,全株粗蛋白质含量达到 8.7%,产量高,鲜草产量达 52 500 千克/公顷,种子产量 1 500 千克/公顷,发芽率超过 95%。具有光不敏感特性,是国内目前唯一能够在北方正常开花结实的热带种质。

8. 皇竹草的品种特征?

科普知识:皇竹草,别名王草、皇竹、巨象草。是一种适应性广、抗逆性强、产量高、粗蛋白质和糖分含量高的植物。皇竹草植株高大,一般可达 4～5 米。根系发达,分蘖能力强,1 株苗可分 20 株以上,多的可达 50 株。产量高。皇竹草种下 2 个月即可收割,每亩可产 20～30 吨。粗蛋白质含量高达 12%,营养丰富,适口性好,茎叶切碎后可鲜喂、青贮或干燥制成草粉,用于饲喂畜禽和鱼类。皇竹草既可扦插,也可移栽,每年 3—8 月均可种植。一般采取茎节繁殖,气温稳定在 8 ℃以上时就可种植。皇竹草栽种时,要施足底肥,浇足定根水。

第五章　土壤肥料

一、果园土壤肥料

1. 果树为什么选择在秋季施肥？

科普知识：果树自身发展有生物周期规律，秋季是养分储备期。当年果树树体内养分的储备水平直接影响到翌年的花期发育和生长结实情况。秋冬季的营养储备较好，翌年发芽要早，发芽整齐，花量比较大，对翌年丰产有非常重要的作用。

2. 施肥需要把握哪些原则性问题？

科普知识：选用正规厂家生产的复合肥。如果对复合肥质量不放心，在秋季施肥选择尿素和硫酸钾较好。少使用新品牌或没有进行验证的品牌。

3. 施微量元素的过程中需要把握什么原则？

科普知识：秋施基肥以农家肥为主，过去讲斤果斤肥。过去的土杂肥和现在的土杂肥不一样，过去的土杂肥是土、秸秆和动物的粪便沤制而成，一万斤①所含的养分与生产一万斤的水果是匹配

---

① 斤为非法定计量单位，1斤＝0.5千克。——编者注。

的。现在的土杂肥多数是一些牛、猪、家禽的粪便，一万斤肥料除了牛、畜、禽的粪便以外，几乎没有其他成分。氮素的含量比过去的含氮量高很多。不要按照过去的斤果斤肥施肥，否则氮、磷、钾等主要的营养元素过量，现在圈粪微量元素相对较少，建议使用干圈粪、作物的秸秆和杂草一类的东西配合施肥。

4. 果园里的土壤如何做到科学施肥？

科普知识：现在山东的果园尤其是在苹果园，大面积果园土壤呈现酸化状态，过去强调氮肥使用量过高造成土壤酸化实际是片面的，其实有机肥的氮素含量过高也在一定程度造成土壤酸化。现在农家圈粪不要使用过量，要减量，做到科学施肥，要确认土壤酸碱化程度、进行土壤氮磷钾主要营养元素的测定，根据这些指标确定每年施多少有机肥和化肥。

5. 秋季如何科学施肥？

科普知识：秋季施肥依然强调以农家肥为主、化肥为辅。农家肥比如鸡粪，如果原来施用量比较大，现在施用每亩地不要超过 $2\sim3$ 米^3，其他禽畜粪便可以施到 $3\sim5$ 米^3。在施有机肥的基础上可以适当加点氮肥和钾肥。1 000 斤果施 10 斤尿素，一亩地施 30 斤尿素，一亩地可以施钾肥 $35\sim40$ 斤，施完肥之后适量灌水，水的深度不要超过 10 厘米，要小水不要大水。有条形沟施肥、放射沟施肥、环状施肥，这就需要根据各个农户的生产条件进行选择，土壤改良面积越大越好。

6. 果园秋季如何施肥？

科普知识：分品种。若是中早熟品种，采收结束后就可以进行秋季施肥；若是晚熟品种，果实采收后要立即进行。根据品种进行选择，原则是越早越好。但由于晚熟果实没有采收，施肥可能影响产量，实际情况是果实采收后立即进行施肥。最好是落叶前一个月把秋施基肥这项任务完成。在落叶之前补充叶面肥，用

0.8%～1%的尿素喷施 2～3 次，加强氮素储备功能。浇透封冻水。

7. 果园种植鼠茅草对土壤会起到什么样的效果呢？

科普知识：过去果园的管理主要是清耕，看到草一定会除去。但果园种草有一定好处，过去地面裸露冬季降雪、夏季降雨会形成地表径流，把果园表层土壤冲走，而表层土壤含有果树所需的有机质和大量矿质元素，种草后有一定保持水土的作用。果园生草技术属于果园土壤管理的一项技术而不是全部技术，果园土壤管理技术包括果园覆盖、清耕、生草。一定要明确果园生草的优缺点。草是植物，它的生长离不开光和水，在果园过分的郁闭或水分比较短缺的情况下，提倡果园覆盖，不要进行生草。

8. 鼠茅草的种植时间上有没有硬性要求呢？

科普知识：鼠茅草属于禾本科植物，跟山东栽培的冬小麦性质相似，种植时间大约是每年 9 月下旬至 10 月上旬。播种量是一亩地 1.5～2 千克。种植技术比较简单，土地平整好以后撒播。

9. 果园生草其中的优点和缺点分别有哪些？

科普知识：

优点：第一，保持水土。第二，长期生草，土壤的有机质含量逐步提高。可以减少化肥和农药的使用量。第三，果园生草以后，果园的表层土壤环境稳定，利于果树表层根的发生和发育。第四，由于生草以后，空间环境温湿度变化将更加利于果实的发育，提高果实品质。

缺点：第一，存在与果树争肥争水的现象。在果园的生草前期，每年适当补充一定量的氮磷钾复合肥。第二，生草后像天牛类的害虫前几年比较严重，注意及时防控，尤其是种植豆科植物的果园，生产前期食心虫也比较严重。

二、无土栽培技术

1. 无土栽培是什么？

科普知识：无土栽培是一项现代农业先进技术，使作物生长离开了土壤，改变了传统农业的种植方式。欧盟国家温室蔬菜、水果和花卉生产中，已基本全部采用无土栽培方式。目前，我国无土栽培技术在各地示范园均有展示，但在日光温室蔬菜生产上应用的还不多。

2. 无土栽培技术如何在番茄种植中应用？

科普知识：

（1）简易的栽培设施。栽培槽采用地挖沟槽、铺塑料膜的方式，营养液供给采用滴灌的方式。其优点：地挖沟槽可以使栽培基质的温度较稳定，基质的昼夜温差要小得多，避免冬季夜间基质温度过低，对根系造成伤害。

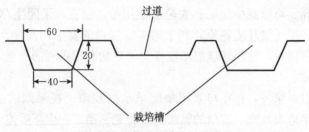

栽培槽示意图（单位：厘米）

（2）廉价的栽培基质。栽培基质采用经过堆腐的规模农牧有机废弃物，如稻壳、牛粪、作物秸秆和食用菌渣等。其优点：规模农牧有机废弃物资源丰富、价格低廉，也解决农牧废弃物污染环境的问题；有机基质在使用过程中，经过微生物分解产生 CO_2，起到 CO_2 气肥的作用，经测定有机基质无土栽培大棚，早晨 CO_2 浓度超过 2 000 毫克/千克。同时，在分解过程中，产生的糖分、氨基酸等小分子有机物，可以被蔬菜根系吸收，改善蔬菜的品质；秸秆基质在使用后，可作为有机肥料施入农田，不产生环境污染。

农牧有机废弃物的堆腐方法：将稻壳、牛粪、作物秸秆和食用菌渣等分层堆起，边堆边洒水和尿素，使之湿润，以用手紧握物料、指缝间有水被济出为度。秸秆堆的底宽 2 米，高度 1.0～2.0 米，长度不限。2～3 天后，堆内温度可达 70 ℃以上；15 天左右进行翻堆，将边沿部位的秸秆翻入堆中间，使物料进一步混匀，若干燥，可适量补充水分；翻堆后，再堆腐 15 天左右。基质的碳氮比在 30～40。

（3）简化营养液管理方法。采用营养液肥料分组分别通过滴灌系统加入到基质的方法。硝酸铵与硝酸钙、硝酸钾为一组，磷酸二氢钾、硫酸镁与微元素一组分别加入到滴灌系统。

（4）日光温室番茄简化无土栽培的过程。挖栽培槽→铺塑料膜→填充有机基质→安装滴灌设备→滴灌浓度 1 克/升营养液，使基质湿润→移栽番茄苗→番茄苗靠近滴头→缓苗期可以叶面施肥促进生根→苗期一般每亩每天 0.5 米^3，浓度 1 克/升营养液，栽培槽内有积水就不用滴灌→番茄结果后，营养液浓度 1.5 克/升，一般每亩每天 1～1.5 米^3，但仍要根据栽培槽的积水情况和番茄的长势，灵活掌握水量。番茄的其他管理技术依照常规方法。

3. 日光温室番茄简化无土栽培的效果如何？

科普知识：无土栽培的番茄发病轻，2015 年冬季寒冷、阴天和雾霾天气多，蔬菜的病害普遍发生较重，而采用本技术栽培的番茄生长健壮，一个冬季仅喷了 2 次防病的农药，而普通土栽番茄基本每周都需喷施农药；节肥省水，无土栽培较普通土栽减少肥料投资 20％以上，节水 150 米³/亩；番茄的品质较普通土栽提高显著，糖酸比提高了 34.5％，风味口感明显比土栽的好；产量较土栽基本持平，售价稍有提高；总体经济效益增加 10％～20％。

三、土壤化学消毒剂及消毒技术

1. 甲基溴

又名溴甲烷，化学结构式 CH_3Br。纯品在常温下为无色气体，工业品（含量 99％）经液化装入钢瓶中，为无色或淡黄色的液体。甲基溴结构简单，是一种多用途、广谱熏蒸剂，广泛用于土壤消毒、仓库熏蒸、检疫熏蒸以及作为中间体使用。用于土壤消毒可防治真菌、细菌、土传病毒、昆虫、螨类、线虫和啮齿动物以及杂草。宽广的防治谱和优良的杀虫杀菌活性，使得溴甲烷成为应用最为广泛、对农业生产影响最深远的一种农用化学药剂，虽然甲基溴是一种优良的熏蒸剂，但也是一种消耗臭氧层的物质，根据《蒙特利尔议定书哥本哈根修正案》，发达国家于 2005 年淘汰，发展中国家也于 2015 年淘汰。

2. 棉隆

又名必速灭，对水及 35 ℃以上温度敏感，在土壤中最终分解为异硫氰酸甲酯，与威百亩的分解产物相同，作为一种广谱的土壤熏蒸剂也有长期应用，对多种病原菌、线虫、害虫、杂草有良好的防治效果。国内在番茄、黄瓜、草莓、辣椒、烟草等作物上进行的熏蒸试验表明，棉隆对土传病害、根结线虫以及杂草都有较好的防治效果。有研究报道，棉隆拌土深施于定植沟对防治甜椒、辣椒疫病及花生根结线虫病均有效果，且增产效果明显；用其处理黄芪能降低土壤线虫数量，延缓黄芪根腐病的发生，还有一定的除草作用。

3. 氰氨化钙

俗称石灰氮，是一种高效的土壤消毒剂，分解的中间产物氰氨和双氰氨都具有消毒、灭虫防病的作用。吕理研究报道病田土壤中添加石灰氮可防治大白菜根肿病。利用氰氨化钙结合高温闷棚进行土壤消毒，是近年来日本进行无公害蔬菜生产的一项主要措施。该处理能有效地防治根结线虫病、青枯病、枯萎病等土传病害。1999年山东省农业厅引进该项技术，经有关单位试验后在生产中推广应用，取得了较好的效果。由于石灰氮与高温的双重杀菌作用，可防治多种土传病害及地下害虫，特别是对真菌性病害效果较好，如莴苣的大脉病，豌豆的茎腐病，十字花科蔬菜的根瘤病、根缩病、软腐病，菠菜的萎凋病、立枯病等。

4. 威百亩

作为熏蒸剂已有多年应用。其效果依赖于这种物质在土壤中分解释放出的异硫氰酸甲酯占分解产物的 90%，其他产物包括 CS_2、COS 和 H_2S，但这些产物对熏蒸效果并无影响。很多试验证实了威百亩和它的分解产物对多种病原菌的效果以及对杂草和地下害虫的防治作用。国外研究者以 11 种杂草、10 种真菌、2 种地下害虫和 4 种线虫为对象，设计 79 个考察参数，比较了威百亩、1,3-二氯丙烯、氯化苦和甲基溴的效果，结果发现威百亩在 76 个参数上与甲基溴差异不显著，但其他 3 项甲基溴显著优于威百亩，说明威百亩尽管还达不到甲基溴的水平，但可在很大程度上替代甲基溴。对其应用条件也有研究，但结论并不相同。有的认为温度越高，效果越好；还有的认为在低温下效果好。含水量对效果也有影响，有研究者认为 50% 或 100% 的含水量对大丽花轮枝孢（*V. dahliae*）更有效；有的认为土壤含水量对 MITC 在 7 种类型的土壤中的释放并没有显著影响；还有研究者发现低温结合较高的含水量时威百亩熏蒸对大丽花轮枝孢效果最好。这些结论的不同可能跟各地实验条件不一致有关。开展此类研究对合理使用威百亩很有意义，因为其效果的发挥与土壤性质、湿度、温度、pH 等因素有密切关系。

5. 硫酰氟

是一种无机化合物，常温为无色无味的气体，不易燃烧，在 20 世纪 50 年代末率先由美国的化学公司作为熏蒸剂开发。几十年来，硫酰氟在海关检疫及食品处理上大量使用，也可用于农林、植物检疫、卫生、外贸、文史档案、轻纺、城建等方面。硫酰氟熏蒸大多是针对木材内易传播的危险性昆虫或线虫，而不是病原菌。直到最近，人们才注意到硫酰氟对病原真菌有控制作用，硫酰氟对橡树木料熏蒸能够铲除萎蔫病原（*Ceratocystis fagacearum*）及其他如粘束孢属（*Graphium*）、轮枝孢属（*Verticillium*）及拟青霉（*Paecilomyces* spp.）等真菌。2002 年曹坳程等用硫酰氟熏蒸土壤，发现对番茄土壤中的镰刀菌（*Fusarium* spp.）、根结线虫（*Meloidogyne* spp.）均有良好的杀灭效果。硫酰氟蒸汽压高、穿透性强，能够扩散和渗透到深土层中，是一种很有前景替代甲基溴进行土壤熏蒸使用的化合物。

6. 1,3-二氯丙烯

简称 1,3-D，化学结构式为 $C_2H_2Cl_2$，是一种无色有甜味的挥发性液体，不纯时呈白色或琥珀色，毒性中等。1,3-D 由顺式和反式两个异构体组成，顺式 1,3-D 沸点为 104.2℃，反式 1,3-

D沸点为 112 ℃。1,3 - D不溶于水，可溶于丙酮、苯、四氯化碳等有机溶剂。自 1956 年首次发现 1,3 - D 播前处理土壤具有杀线虫活性以来，国外学者对于 1,3 - D 防治土壤中线虫、植物病原菌和杂草的效果进行了大量的研究。1,3 - D 施入土壤后，蒸发为 1,3 - D 蒸汽，并在土壤颗粒间扩散，最终溶解于土壤内的水中，从而起到杀线虫、杀菌的效果。在国外，为了进一步拓宽它的广谱性，1, 3 - D 和氯化苦的混用技术得到了广泛的研究，如 61% 1,3 - D 和 35% 氯化苦混合使用，对土壤中的几种主要的病原菌（如镰刀病菌、黄萎病菌）和杂草都有很好的防除效果，其中对马齿苋属植物的防除效果最为明显。目前，1,3 - D 和氯化苦混用被认为是替代甲基溴进行土壤消毒最好的药剂，这种混剂已在澳大利亚、西班牙、美国等国家广泛使用，新的剂型可通过滴灌系统安全使用。

7. 氯化苦

氯化苦常温为液体（沸点 112 ℃），不溶于水。氯化苦具有很强的杀菌作用，对黄萎病防治效果显著，但对线虫和杂草的防治效果较差。氯化苦常与其他药剂复配使用，1,3 - 二氯丙烯会污染地下水，17% 或 35% 的氯化苦和 1,3 - 二氯丙烯的混合制剂就可以减少对地下水的污染，并且具有极强的杀菌、杀线虫和除草的能力，还有增产效果，在国外已登记推广应用。

8. 碘甲烷及碘代化合物

碘甲烷是一种可完全替代甲基溴的替代品，只需要 30% ～ 50% 甲基溴的用量，即可达到甲基溴的效果。在相同用量下，碘甲烷防治线虫、杂草的活性均高于甲基溴。最近研究表明：二碘化物如 1,2 - 二碘乙烷、1,3 - 二碘丙烷和 1,4 - 二碘丁烷具有比碘甲烷更高的活性，特别是杀虫活性。在除草和杀线虫活性方面，1,3 - 二碘丙烷的活性要高于二溴氯丙烷（DBCP）。

四、土壤的非化学消毒技术

1. 太阳能消毒

夏季高温闷棚消毒，在盛夏，作物收获后，浇透水扣严大棚，消毒处理1周。利用太阳能进行土壤热处理，其杀菌原理有两种，一是直接热力消毒、杀菌。一般经太阳能热处理的土壤，在5～25厘米耕层中，最高土温可达45～60℃，天气条件好时，经覆盖处理的土壤表层，温度甚至可高达60～70℃，在25厘米土层，也可达到45℃，而且维持时间较长。在高温条件下，土壤中许多病原菌都会被直接杀死，根结虫病，在47.5℃高温下，15分钟就死亡。在土层25厘米深度，虽多数达不到病原菌的直接致死温度，但长时间在40～45℃温度条件下，病原菌处在抑制状态，加上高湿缺氧，也会逐渐死亡。土传病害病原菌，大多分布在土表至30厘米土层内，因此土壤太阳能热处理可杀死土壤层中绝大多数病原菌。二是间接作用。在土壤太阳能热处理中，由于事先施入有机肥和灌水，土壤湿润、温度高，微生物呼吸十分旺盛，在覆膜封闭条件下，土壤中氧气逐渐消耗，呈缺氧还原状态，使大多数好气的病原菌在缺氧和高温条件下死亡，土壤经太阳能热处理，还使土壤表现出抗生状态的革兰氏阳性细菌增加近20倍，抗生性微生物的大量繁殖可以杀死和抑制多种病原菌。

2. 生物熏蒸

是用植物残渣、家畜粪便和海洋物品等有机物质覆盖土壤，利用这些有机物释放出的有毒气体如异硫氰酸酯等杀死土壤中的有害生物的一种方法。如施用新鲜鸡粪可有效防除马铃薯黄萎病和寄生线虫；用大白菜残体加入土壤可防治一些真菌病害。生物熏蒸常和太阳能消毒结合使用，二者结合可有效防治一些病原菌和杂草。国内对生物熏蒸结合短期太阳能消毒应用于番茄、黄瓜、草莓、辣椒等作物。有研究报道，发现其对防治病害、促进作物生长、提高产量有明显作用。

3. 土壤蒸汽消毒法

由德国人 Frank 于 1885 年发现，1893 年由美国人 Rudd 首次商业化使用，从此蒸汽消毒法在温室和苗床消毒中得到应用。这种方法是利用高压密集的蒸汽杀死土中真菌、细菌、昆虫、线虫和杂草，各地的试验表明，65 ℃，30 分钟可杀灭所有植物病原菌、昆虫和杂草。土壤蒸汽消毒在夏季温室休闲时进行，耕地后埋好蒸汽管。从锅炉通进高压蒸汽。消毒前要将待消毒的土壤疏松好，用帆布或耐高温的塑料薄膜覆盖，四周密闭。一般每平方米土壤每小时需 500 帕的高温蒸汽。使 20 厘米土层温度达到 60 ℃，保持 30 分钟，可有效杀死病原菌。但是这种方法投资大，需要专门的机具，以我国农业目前的状况来说不是很适合。

4. 灌注热水消毒土壤

为保证热水能渗透到 60 厘米土层，在消毒前将土壤深翻 60 厘米，保持疏松平整，按设计要求在地面上铺设耐热滴灌管，并在土壤和滴灌管上面覆盖 1 层薄膜保温。将水加热到 90 ℃以上，通过直径 5 厘米的耐热塑料软管灌注到土壤中进行消毒处理，每平方米每次用水量 50 升。

5. 土壤暴晒

使用太阳能来防治土传病、虫及杂草。该措施对萎蔫病（病原：$Fusarium$ spp.，$Verticillium$ spp.）、猝倒病（病原：$Pythi$-um spp.）和立枯病（病原：$Rhizoctonia$ spp.）等土传病害有一定的防治效果。

6. 电加热处理

电加热使土壤持续升温可用来杀灭土壤病原物。利用土壤电加热可弥补水蒸汽消毒法加热的不足，能有效杀灭土壤深层病原菌。但电加热的推广应用，尚待进一步研究。

第六章 熊 蜂

熊蜂

目前，熊蜂授粉技术是被世界公认的为温室大棚蔬菜授粉的最先进的技术，在很多发达国家应用已经非常普遍了，特别是欧盟国家，他们的设施蔬菜都采用熊蜂授粉技术。

在我国近十几年来也开始逐渐地采用熊蜂授粉技术，虽然从研究上、产业化开发上和应用上比发达国家要晚一些，但是随着我国近年来设施农业的高度发展，这项技术也推广开来。近年来我国在熊蜂授粉技术的应用上越来越多，全国每年大概有30万亩应用面积，特别是茄果类的作物，像番茄、茄子等应用了熊蜂授粉技术。在山东应用得还不是很多，大概每年有5万亩左右。山东省的设施蔬菜面积很大，目前总的设施蔬菜面积已经将近1 600万亩，虽然普及程度还不能算很高，但是有很大的可利用的空间。

1. 熊蜂的价格一只大概多少钱?

科普知识：现在市场上出售的是350～400元一箱，一般一个大棚里放一箱。购买熊蜂的时候，要购买合格熊蜂，一般标准的授粉群，蜂箱里应该有60～80个工蜂，另外还得有足够的幼蜂，包括幼虫、蛹、卵。

2. 熊蜂授粉技术能否保证每朵花都授粉?

科普知识：熊蜂的工作效率是非常高的，每一个工蜂每天的授粉数量可以达到 2 000～3 000 多花，假如一个大棚里有五六只工蜂，就能授粉 1 万多朵花。经过调查表明，工蜂的访花率即授粉率达到 98％以上，它的结果率能够能够达到 95％以上，所以说不用担心授不到粉的问题。

3. 人工激素点花的弊端有哪些?

科普知识：目前在生产上更多的农民朋友还采用激素点花的方法，就是给番茄、茄子这些需要人工辅助授粉的作物使用激素点花、蘸花或喷花这种方法来刺激作物坐果或者果实膨大。用激素点花实际上不是一种真正的生物学上的授粉，仅是喷上激素。所谓的激素就是植物生长调节剂，如 2,4 -滴，也就是所谓的化学农药，来刺激它坐果和果实膨大，并没有完成真正意义上的授粉。所以用激素点花之后的番茄，果实里面是没有种子的。人们在日常生活中经常见到番茄里面没籽儿或者是形成空果、空心果、果实里果汁果肉发育不好，另外还有畸形的，外边就是歪歪扭扭的，或者是带个尖的，或者有裂瓣的，这些情况都是激素点花造成的。我们用激素点花，一个季节的番茄点十几次花，就需要耗费很多的劳动力。

4. 熊蜂授粉与激素点花相比优势有哪些?

科普知识：

(1) 提高产量。对普通的番茄可以提高 10％以上的产量，像有些作物，比如说茄子可以提高 30％的产量，产量提高幅度还是很大的。为什么能提高产量？因为熊蜂授粉之后，果实里面的种子特别多，能够带动果实里的果肉果汁的发育，因此果实里果肉果汁特别饱满，也就是果重增加，不会有空果，产量显著提高。

(2) 提高品质。首先是外观品质，熊蜂授粉之后不会有畸形果，都是完全自然的果形，不会有带尖、裂瓣的果实，商品果率提高。另外可以提高内在的品质，熊蜂授粉之后，由于果实的果汁果肉发育良好，果实的口感也很好。熊蜂授粉是纯天然的生物学上的授粉，能使果实品质提高，其收益也会提高。

（3）省工省事。我们用激素点花，一般的每一树果农民朋友需要点两次花，如果五、六树果的话，需要点十几次花，所以说一个季节的番茄，需要点十几次花，就需要耗费很多的劳动力，如果要是雇工的话，得需要至少花 1 000 元钱。如果用熊蜂授粉技术的话，一是非常省事，只需要把熊蜂放入大棚中就可以了；二是可以节约成本，熊蜂比雇佣劳动力成本要低。

（4）没有化学农药的污染。品质能够达到向发达国家出口的要求。

（5）使用熊蜂授粉技术在一定程度上还可以减轻病害的发生。熊蜂授粉后，花瓣萎缩，花瓣会被顶到果实顶部，自然脱落。而激素点花的花瓣会粘到果实基部和花托之间，特别容易诱发灰霉病，即番茄灰霉病，造成整个烂果。所以用熊蜂授粉的番茄灰霉病的发生概率会很低。

5. 熊蜂授粉与蜜蜂授粉相比有哪些优势？

科普知识：熊蜂授粉有本身生物学特性的优势，虽然熊蜂和蜜蜂都属于蜜蜂科。但是熊蜂的进化程度比蜜蜂要低一些，都属于社会性的昆虫。熊蜂和蜜蜂相比，在生物学上和形态学上有一些区别。

① 熊蜂的喙比较稳、比较长，比蜜蜂要长一半，因此对深冠花更容易完成授粉工作，授粉效率更高。再一个就是熊蜂的采集能力比较强，一只工蜂，每天可以访花两三千多朵，比蜜蜂效率要高一倍以上。

② 熊蜂比较耐低温，熊蜂的出巢温度是 8 ℃，一般的温室大棚即使在冬天也能达到这个温度。但是普通的蜜蜂，尤其是西方的意大利蜜蜂，它的出巢温度一般在 14～15 ℃。因此如果在天气比较冷的时候授粉，那么熊蜂更有优势。

③ 熊蜂比较温顺。如果把蜜蜂放到大棚里，由于蜜蜂的趋光性很强，所以蜜蜂会往墙上、玻璃墙上或是塑料薄膜上使劲撞；但是熊蜂的趋光性比较差，信息交流系统也不发达，因此熊蜂就在大棚里授粉访花的工作效率也比较高。

④ 熊蜂比蜜蜂的授粉的作物种类多，特别是像茄果类的作物。蜜蜂是不喜欢番茄植株气味的，如果将蜜蜂放到番茄的大棚里，那么蜜蜂不会上番茄的花，它只会向棚膜上撞，直到死亡。因此蜜蜂是绝对不可能为番茄、茄子这些作物来授粉的，必须使用熊蜂。

⑤ 熊蜂可以人工周年繁育，且可以大规模繁育，可以做到随用随育，非常方便。

6. 熊蜂在温室大棚里一般是怎么使用的？

科普知识：熊蜂在使用时，方法相对比较简单，番茄、茄子、草莓或者大棚果树，这些作物开始开花或有少量作物开花的时候（一般10%～20%的开花），我们就可以把授粉群放进大棚内开始授粉。一箱熊蜂一般的话可以给1.5～2亩的作物授粉。如果作物开花数量比较多，比如大棚樱桃开的花非常多，那么一亩的大棚需要两箱熊蜂。另外蜂箱安置时要注意在生产工作中尽量不要受到潮湿影响。冬天，大棚里面温度比较低，尽量将蜂箱放到靠上的位置，在日光温室放可以到北面的墙体顶部或者上部，不要让蜂箱温度过低。夏天大棚温度比较高，尽量将蜂箱靠下安置，放置在阴凉的地方，或者是给蜂箱搭建简易遮阳网，降低蜂箱的温度。普通的大棚里适宜的温度是在10～35℃都可以。初次放入蜂箱时先静置一段时间，然后再把蜂箱的出风口打开，熊蜂就会自动地飞出来。熊蜂不像蜜蜂需要专门喂养，蜂箱里面加入足够的糖水即可。一般情况下，一群熊蜂可以使用大概1.5～2个月。

7. 如何检验熊蜂授粉的效果？

科普知识：一般情况下，一天里有五六个工蜂工作授粉就可满足大棚的果菜授粉。检查授粉的时候比如番茄花，熊蜂访花后，会留下褐色的标记，花的花蕊也会变褐色，没有访问的花仍然是乳黄色。如果有 60％以上的花已经有标记了，就保证授粉没有问题。还有一个问题就是需要在大棚上要安装防虫网，特别是在通风口要安放防虫网，防止熊蜂飞出去。不然如果缝隙太小，熊蜂飞出去就不好回巢。

8. 生物防治有什么优势？

科普知识：首先，我们要清楚什么是生物防治，其实它与农业防治、物理防治、化学防治一样，是一种农业病虫害防治技术，同时它又具有一些其他防治措施所不具有的优势。

生物防治是指利用生物物种间的相互关系，以一种或一类生物控制另一种或另一类生物的方法。通过人为保护、繁殖释放等方式，利用有益生物（天敌）控制有害生物，简单来说就是"一物降一物"，应用最广的是天敌昆虫。

它的最大优点是绿色、不污染环境，是化学农药等非生物防治病虫害方法所不能比的，不受地形限制，在一定程度上还可保持生态平衡，对人和其他生物安全，防治作用比较持久，易于同其他植物保护措施协调配合并能节约能源等，已成为植物病虫害综合治理（IPM）中的一项重要措施。

9. 蔬菜大棚中主要防治哪些虫害？

科普知识：设施蔬菜常见的世界性四大害虫——粉虱、蚜虫、蓟马、叶螨，它们的特点有：体型小、繁殖力强、世代周期短、分布广泛、种群数量大、周年发生、危害严重。

10. 生物防治的效果如何？

科普知识：生物防治，尤其是天敌昆虫本身是没有问题的，天敌昆虫防治害虫的效果取决于使用技术方法是否得当。这也是生物防治与化学防治、物理防治等非生物防治方法最大的区别。使用技术（用法、用量、时间），如防治粉虱的丽蚜小蜂，在刚发现粉虱时（定殖后 1 周内）释放，每次悬挂 10 卡/亩，约 2 000 头，每隔 7～10 天释放 1 次，连续释放 3～5 次，可有效持续地压低粉虱的发生，减少整个作物生长期内 60％以上的化学杀虫剂的使用量。为增强生物防治的效果，应同时结合农业防治、物理防治等非生物防治手段。

第七章　家　禽

一、鸡

1. 冬季对蛋鸡的饲养管理要注意哪些方面？

科普知识：冬季是蛋鸡的产蛋高峰期，北方地区由于气候寒冷、光照时间短，不利于蛋鸡高产，冬季饲养蛋鸡首先应注意防寒保暖。冬季寒冷多变的气候，对蛋鸡会产生很多不良影响。很容易导致产蛋质量和数量的下降。因此必须做好防寒保暖的工作。通常状况下，可适当增加饲养密度，封闭门窗，在鸡舍的外面还可以覆盖一层塑料薄膜进行御寒保温。蛋鸡的最适舍温为 16～21 ℃。当舍温低于 5 ℃时，产蛋率就会下降。如果发现舍内温度没有达到相应要求的时候，就要立即利用人工方式加温。

2. 冬季如何为鸡舍通风换气？

科普知识：在鸡舍内鸡排出的粪便长时间堆积，很容易产生氨气、硫化氢等有害气体。这些气体对鸡的身体有很大的危害，会刺激鸡的感觉器官，诱发呼吸道疾病，降低产蛋率。因此当进入鸡舍内部时，如果闻到明显臭味或者感觉到鸡舍内空气污浊的时候，就要立即通风。通风的方法是打开天窗和侧面的通风窗口，晴天一般上午 10 点至下午 2 点之间进行通风，连续开窗数次，每次10～30分钟，即使在阴天、雪天也要通风，切不可为了保持舍温而长期紧闭门窗。因为上午的温度较高，相对比较温暖，因此通风时间可以适当延长。如果情况比较严重的话，要适当加大通风量。鸡粪的堆积是鸡舍内部空气质量差的主要原因，因此在通风的同时，还要及时清除鸡舍内的粪便和杂物。通常每隔 3 天清理一次。粪便清理干净后，最好还要铺上一层石灰粉，它有消毒和吸湿的作用。这样既可以保证鸡舍内部的卫生，同时也防止了疾病的产生。

3. 雏鸡有什么生理特点？

科普知识：

（1）体温调节能力差。雏鸡的绒毛稀薄，御寒能力差，体温调节机能不完全，体温低，不能维持体温。体温调节机能一般到 3 周龄才能发育齐全，具有御寒能力。因此，育雏期采取保温措施，才能使雏鸡正常生长。

（2）生长发育快、消化能力差。雏鸡生长发育迅速，从出生到 42 日龄体重可增加 11 倍左右；胃肠容积小，消化能力差，所以要提供营养完全、易消化的日粮。喂以易消化的日粮，少喂勤添，不能断水，充分满足雏鸡的生理需求。

（3）胆小、自卫能力差。雏鸡出壳体重轻，个体小，胆小，群居性强，较敏感，易遭鼠、猫等伤害，因此，育雏室要有防卫设备，门窗严密。四周环境应保持安静，以免雏鸡惊群、压伤压死。

（4）抗病能力差。雏鸡的防疫系统尚未发育成熟，对病原微生物的抵抗能力差，易感染疾病，应有严密的防疫制度，搞好环境卫生和防疫消毒，保证栏舍干燥卫生。

4. 鸡群在冬季如何补充阳光？

科普知识：冬季的自然光照不足，光线的减少会使鸡脑垂体前叶的相关激素分泌量降低，从而会导致鸡群产蛋率下降。实践证明，提供人工光照以补充日照的不足，是保持鸡群较高产蛋率的一种简便易行的好办法。鸡群开产后，每天适宜的光照时间应是14～16小时。

提供人工光照的方法：一般在自然光照少于12小时时开始提供人工光照，补足到每天光照时间14小时左右。要确保补充的光照均匀，可以采用每天两次开灯照明的方法，即在每天早晨6点左右开灯至天亮，晚上天黑开灯至20点，每天开关灯时间应有规律。舍内每平方米以3瓦左右光照为宜。灯要距地面2米左右，灯与灯之间距离保持在3米左右，这样舍内光线照射就会比较均匀。补充光照时，电源供应要稳定。光照程序一经固定不要轻易改变，更不能忽长忽短、忽明忽暗，以免引起产蛋减少、发生换羽等现象。

5. 鸡传染性支气管炎的症状有哪些?

科普知识：鸡传染性支气管炎，简称鸡传支，是由鸡传染性支气管炎病毒引起的鸡急性高度接触性传染病，以呼吸道症状、鸡产蛋量下降、蛋品质下降、肾脏病变及胃肠炎变化为主要特征。

发病后的临床表现：该病以咳嗽、打喷嚏、雏鸡流鼻液、蛋鸡产蛋量减少、呼吸道黏膜呈浆液性、卡他性炎症为特征。该病主要侵害鸡的呼吸系统、消化系统及泌尿生殖系统，根据组织嗜性和损害的主要器官，致病表现型主要分为呼吸型、肾型、生殖道型和腺胃型等。

6. 鸡传染性支气管炎发病时间和原因是什么?

科普知识：该病一年四季均可发生，各种年龄的鸡都可感染，以雏鸡和产蛋鸡发病较多，尤其40日龄以内的雏鸡发病最为严重，尤其在秋冬和冬春交替、气温寒冷多变的季节易发生。通风不良、舍温过低或过高、饲料营养成分配比不当等应激因素促使该病发生。该病易与细菌及其他病毒混合发生，死亡率很高。病毒侵害鸡的呼吸系统，气管中存有浆液性、干酪样及其他相关渗出物，在感染肾型毒株时会出现肾出血及肿大、肾小管、输尿管扩张及尿酸盐沉积。

鸡传染性支气管炎目前主要发生在肉鸡和商品蛋鸡上。肉鸡发生该病主要集中在 20～35 日龄，症状为呼吸困难、花斑肾，严重时呈尿酸盐沉积。商品蛋鸡发生该病主要集中在蛋鸡开产后，尤其集中在开产高峰期，主要表现为产蛋率下降、软皮蛋增多、鸡群零星死亡及轻微的呼吸道症状。

7. 如何防治鸡传染性支气管炎？

科普知识：鸡传染性支气管炎目前主要还是以疫苗预防为主，肉鸡：1 日龄，4/91＋Ma5 喷雾或滴鼻点眼；7 日龄，H120 滴鼻、点眼。蛋鸡：在雏鸡 1 日龄时接种传染性支气管炎（LDT－3）冻干苗，7 日龄时接种新城疫—传染性支气管炎（MA5＋CL30）冻干苗，120 日龄免疫多联灭活疫苗。如蛋鸡在产蛋期出现产蛋率下降、软皮蛋增多情况可使用肾型传支疫苗紧急接种。防治措施：改善饲养条件，降低鸡群密度，使用复方泰乐菌素、强力霉素、阿奇霉素等药物防止并发或继发感染，对肾变型传支病鸡，应降低饲料中蛋白质的含量，添加电解多维或补液盐、0.5％碳酸氢钠、维生素 C 等药物，调节电解质平衡，促进尿酸排出，采用止咳平喘的中药，配合抗病毒药物，也可使用干扰素、多肽等饮水治疗。坚持全进全出制，严格卫生消毒措施，通过科学的饲养管理方法和疫苗接种综合防治鸡传染性支气管疾病的发生。

8. 禽白血病的临床症状有哪些？

科普知识：禽白血病病毒和禽肉瘤病病毒（ALV）引起的禽类多种肿瘤性疾病的总称。临床症状为全身虚弱和鸡冠苍白，随着病程的发展，在性成熟前后废食、显著脱水、消瘦和腹泻，死淘率增高，在肝、脾和肾等实质器官可见肿瘤结节。

发病后的临床表现：本病无特异的临诊症状。只有一小部分感染鸡会发生肿瘤死亡，死亡率一般为 1％～2％，大多数带毒鸡表现为生长迟缓和产蛋率下降，有些感染鸡终身不产蛋。此外，在垂直感染或雏鸡早期感染 ALV 后，会造成免疫抑制，导致对其他疫病的抵抗力下降，继发其他细菌或病毒感染后死亡率增加。临床常见的肿瘤发病类型包括：淋巴细胞瘤、髓样细胞瘤、血管瘤、纤维肉瘤、骨硬化和红细胞瘤等。

9. 禽白血病肿瘤发病时间和原因是什么？

科普知识：本病主要由种鸡通过种蛋垂直传播，且逐代放大。经垂直传播的雏鸡出壳后，最容易与其他雏鸡接触，造成横向传播。被禽白血病病毒污染的弱毒疫苗也是重要的感染途径。越是早期感染的鸡，以后越容易发生肿瘤。

主要发病阶段：大多数禽白血病肿瘤发病的高峰都在性成熟后，特别是开产前后（16 周龄以上）。但由于本病的感染具有明显的日龄依赖性，以 7 日龄以内的雏鸡易感性最高，特别是刚出壳的雏鸡，可在 1～2 天内造成同箱内 20％～30％的雏鸡被水平感染。因此，在饲养雏鸡过程中，应注意工作人员、疫苗注射器针头及育雏室等饲养管理过程中的消毒。

10. 如何防治禽白血病？

科普知识：目前没有预防禽白血病的疫苗，对原种场、祖代及父母代场种鸡群禽白血病的净化是预防控制本病的最基本、最关键的措施；采取"全进全出"的饲养方式，一个场只养一批鸡，避免不同日龄鸡群间的横向传播；做好出壳雏鸡的隔离、管理和消毒，避免早期感染；ALV 在环境中抵抗力不强，多种消毒剂有效。一旦发病，无法利用药物治疗，必须及时淘汰。

11. 如何防治鸡病毒性关节炎？

科普知识：病毒性关节炎又名传染性腱鞘炎，病原为呼肠孤病毒。大体型鸡易发病，肉鸡比蛋鸡易感。水平传播和垂直传播均可发生，发病率高，病死率低。鸡龄越大易感性越低，4～6 周龄肉仔鸡的病症最常见。转群、免疫接种、惊群或饲料配方突然改变，常可诱发本病。多数病例呈隐性感染或慢性感染，急性感染时病鸡跛行，跗关节肿胀、发热。慢性病例患腿伸展困难，跗关节以上的腱鞘和腓肠肌肿胀，病鸡长时间卧地，常坐在跗关节上，不愿走动。病鸡消瘦、贫血，发育迟滞。单侧或双侧腓肠肌断裂，肌腱断裂端钝圆、光滑。跗关节周围皮下组织出血发绀，肌腱和腱鞘水肿，关节内有少量草黄色纤维素性渗出物。关节滑膜上常有出血点。慢性病例腱鞘硬化、粘连，胫跗关节远端关节软骨出现点状溃烂。部分病例可见股骨头坏死、断裂。

12. 鸡新城疫的临床症状有哪些？

科普知识：新城疫，又称亚洲鸡瘟，是由新城疫病毒引起的主要侵害不同禽类的一种急性、高度接触性的烈性传染性疾病。

发病后体温升高，最高可达 43～43.5 ℃，出现转脖、望星、站立不稳或卧地不起的神经症状，排黄绿色稀便；剖检可见：其腺胃的乳头部位出血、肿胀以及溃疡，小肠黏膜以及十二指肠黏膜可见出血以及枣核状溃疡，溃疡的表面可见灰绿色或者黄色的纤维素膜；其盲肠扁桃体肿大，出现出血以及坏死；肌胃角质层易撕，同时下方可见红斑。本病一年四季均可发生，但以春秋两季较多，没有明显的季节性。鸡舍通风不良，氨味过大，感染禽流感、法氏囊等疫病及各种应激等均是暴发本病的重要诱因。

13. 鸡新城疫的防治方法是什么？

科普知识：常用弱毒疫苗和灭活疫苗进行免疫预防。肉仔鸡：5～7 日龄，活疫苗滴鼻、点眼，同时注射 ND 灭活疫苗；18～21 日龄活疫苗免疫。蛋鸡、种鸡：5～7 日龄，活疫苗滴鼻、点眼，同时注射灭活疫苗；18～21 日龄，活疫苗免疫；开产前 ND 灭活疫苗免疫一次；产蛋高峰过后，每 2 个月用活疫苗免疫一次。一旦发生疫情，进行紧急疫苗接种，同时选用抗病毒药和抗生素以防止继发感染和混合感染。

14. 禽流感的临床症状有哪些？

科普知识：禽流感（Avian Influenza，AI）是由禽流感病毒（AIV）引起的禽类传染病。高致病性 AIV（HPAIV）可引起鸡群大量死亡，低致病性 AIV（LPAIV）只引起少量死亡或不死亡，表现为生长障碍和产蛋率下降。我国鸡群中的 HPAIV 以 H5N1 亚型为主，LPAIV 以 H9N2 亚型为主。HPAIV（以 H5N1 亚型为例）感染可导致鸡群的突然发病和迅速死亡。病鸡高度精神沉郁，采食下降，呼吸困难。鸡冠和肉垂水肿、发绀，边缘出现紫黑色坏死斑点，腿部鳞片出血严重。产蛋鸡产蛋率迅速下降，软壳蛋、薄壳蛋、畸形蛋迅速增多。有些鸡群感染后没有出现明显的症状即大批死亡。LPAIV（以 H9N2 亚型为例）感染引起发病鸡群的精神沉郁、羽毛蓬乱，采食量减少，流鼻液，鼻窦肿胀，眼结膜充血、流泪。

发病时间和原因：禽流感病毒可侵入呼吸道，繁殖于呼吸道，进入血液，并在其他组织细胞中进行繁殖。组织破坏后会引起常见的感染，如大肠杆菌等细菌，还有可能会引起肺部炎症。

15. 禽流感的高致病性与低致病性的区别是什么？

科普知识：高致病性禽流感病毒（HPAIV）：以直接接触传播为主，被患禽污染的环境、饲料和用具均为重要的传染源。肉种鸡、商品鸡感染后会很快发病和死亡，死亡率呈几何倍数剧增，产蛋高峰期多发，产蛋率下降速度快、由 90% 下降到 20% 以下。商品肉鸡 H5N1 临床发病相对较少，但一旦在 30 日龄前后感染，死亡率迅速增加，迫使提前出栏。

低致病性禽流感病毒（LPAIV）：处于产蛋高峰期鸡多发，可造成产蛋率下降 5%～20%，死淘很少，轻微的呼吸道症状。大部分商品肉鸡在 18～25 天发病，一旦感染会造成鸡群抵抗力下降，后期鸡群常伴有大肠杆菌继发感染，死淘增加。

16. 高致病性禽流感如何防治?

科普知识:每个日龄都可以感染,一般情况,冬、春寒冷季节多发;目前已经没有明显的季节性,各个季节都可以发生。

防治方法:免疫接种是目前我国普遍采用的强有力的禽流感预防措施。养禽场必须建立完善的生物安全措施,严防禽流感的传入。

高致病性禽流感一旦爆发,应严格采取扑杀措施。封锁疫区,严格消毒。低致病性禽流感可采取隔离、消毒与治疗相结合的措施。

 二、鸭

1. 目前鸭蛋孵化主要有哪些方法?

科普知识:鸭蛋孵化可分为自然孵化和人工孵化。自然孵化是利用母鸭的抱窝习性,对种蛋进行孵化。我国目前饲养的蛋鸭几乎完全失去了抱窝性,自然孵化的方法已经不存在。但是一些地方饲养的野鸭仍然具有抱窝性,可以进行自然孵化。人工孵化是人工提供类似于自然孵化的条件,对种蛋进行孵化。我国传统的孵化方法有平箱孵化、炕孵、缸孵、桶孵、摊床孵化等。传统孵化方法具有设备简单、就地取材、能源广泛、成本低廉等优点。但花费劳力多,种蛋破损率高,消毒困难,孵化条件不易控制,且劳动强度大,工作时间长,孵化率与健雏率不稳定。目前主要采用孵化机孵化种蛋,具有高效、孵化率高、劳动强度小等优点。

2. 鸭蛋孵化对温度有什么具体要求？

科普知识：为了获得良好的孵化率和健康的雏鸭，除了考虑种蛋本身的因素，还须使孵化条件满足鸭胚胎发育的需要。鸭胚胎发育必须保证适宜的温度、湿度、通风、翻蛋、凉蛋等，这些因素也直接影响孵化效果。

温度是鸭蛋孵化过程中胚胎发育的首要条件，也是鸭人工孵化最主要的外界条件。温度过低（26.6 ℃以下）或过高（40.6 ℃以上）或忽高忽低，都直接影响胚胎的发育，甚至造成死亡。一般情况下鸭胚胎发育的适宜温度为 37.8 ℃（36.6～38.7 ℃）。鸭胚胎发育不同时期对温度要求不同。胚胎孵化初期，代谢处于低级阶段，本身产热较少，需要相对较高的温度；孵化中期胚胎物质代谢日益增强，产生一定体热，则需要比孵化初期稍低的温度；孵化后期，胚胎物质代谢达高潮，产生大量体热，需要较低的温度。

3. 鸭坦布苏病毒病的特征是什么？

科普知识：鸭坦布苏病毒病的病原为坦布苏病毒（Temusu virus），该病毒属于黄病毒科黄病毒属，俗称鸭黄病毒。病毒粒子大体呈球形，直径 40～60 纳米，中心为圆形核衣壳，外有脂质层，最外层为囊膜突起；病毒核酸为单链 RNA，仅有一个开放阅读框。2010 年以来，该病在我国大部分养鸭地区的鸭群中陆续出现，病毒侵害的主要对象为产蛋鸭和雏鸭，造成极大的经济损失。

临床症状：发病蛋鸭产蛋率从 90％降至 10％以下，甚至绝产，且在发病后期出现一定比例的以神经症状为主的瘫痪鸭，淘汰率在 10％左右；雏鸭最早在 10 日龄发病，高峰集中在 20～40 日龄，主要表现为站立不稳、共济失调等神经症状，死淘率在 10％～30％，严重的高达 80％。鸭感染后表现为站立不稳、卧地不起等神经症状；病理解剖可见卵泡膜出血、充血和卵泡变形、萎缩及破裂。

4. 鸭坦布苏病毒病的发病原因与防治方法是什么?

科普知识:

(1) 发病时间和原因。从发病情况看,该病一年四季均可发生,在春夏秋冬均有发病报道;在部分地区与季节有一定的相关性,考虑与季节性的蚊虫出现有关。坦布苏病毒常引起哺乳动物非显性感染,鸟类也能感染;自然条件下,主要经节肢动物传播。传统上该病毒也可感染鸭,但并不致病,但随着环境的变迁和病毒自身的变化,病毒的致病性正在发生不同程度的改变,因此导致鸭坦布苏病毒病的流行。

(2) 主要发病阶段。鸭坦布苏病毒侵害的主要对象为产蛋鸭和雏鸭。

(3) 基本防治方式。对于该病,目前尚无特效治疗药物,及时进行疫苗免疫为预防该病的最有效措施。通常在发病早期可考虑采用 DTMUV 卵黄抗体、康复鸭血清或高免血清进行紧急预防或治疗。

5. 鸭疫里默氏杆菌病的临床症状是什么?

科普知识:鸭疫里默氏杆菌病是由鸭疫里默氏杆菌(RA)引起的一种接触性传染性疾病,又称为鸭传染性浆膜炎、新鸭病、鸭败血症、鸭疫综合症、鸭疫巴氏杆菌病等,是当前危害养鸭业较严重的传染病之一,给我国养鸭业造成了严重经济损失。

临床症状:急性病例多见于 2～4 周龄小鸭,表现为倦怠、缩颈、不食或少食、眼和鼻分泌物增多、腹泻、不愿走动、运动失调。临死前出现神经症状:头颈震颤,角弓反张,抽搐而死。病程一般 1～3 天,幸存者生长缓慢。日龄较大的小鸭(4～7 周龄)病程达 1 周或 1 周以上。病鸭除上述症状外,有时出现头颈歪斜、做转圈或倒退运动。在病变上以纤维素性心包炎、肝周炎、气囊炎、脑膜炎为特征部分病例出现关节炎,常引起小鸭的大批发病和死亡。

发病原因：在自然条件下，本病一年四季都有发生。主要通过污染的饲料、饮水、尘土、飞沫等，经呼吸道、消化道或皮肤的伤口（尤其是足蹼部皮肤）而感染。恶劣的饲养环境，如密度过大、空气不流通、潮湿、过冷和过热，饲料中缺乏维生素、微量元素或蛋白质均易造成发病或发生并发症。

6. 鸭疫里默氏杆菌病的防治方法是什么？

科普知识：本病主要发生于1～8周龄的小鸭，2～3周龄的雏鸭最易感。除鸭外，小鹅亦可感染发病。火鸡、鹌鹑及鸡亦可感染，但发病少见。本病的感染率有时可达90％以上，死亡率从5％～75％不等。

防治要点：要做好预防工作。①加强饲养管理工作，改善饲养条件，并喂以优质全价的饲料，满足其生长需要量，增强雏鸭的体质。②适当调整鸭群的饲养密度，注意控制鸭棚内的温度、湿度，尤其是在多雨的春季、炎热的夏季和寒冷的冬季，做好雏鸭的保暖、防湿和通风工作，尽量减少受寒、淋雨、驱赶、日晒及其他不良因素的影响。③实行"全进全出"的饲养管理制度，不同批次、不同日龄的鸭不能混养在一起。鸭群出栏后，对各种用具、场地、棚舍、水池等要全部进行消毒。④做好场地卫生工作，坚持消毒和防疫制度。定期对饮水器、料槽清洁消毒。

在发生鸭疫里默氏杆菌病时，在饲料中添加新霉素或洁霉素、饮水中投服恩诺沙星可以有效地控制疾病的发生和发展。

疫苗免疫方面，在我国目前应用较多的是各种佐剂的灭活苗，针对当地主要流行血清型，选取相应菌株研制疫苗，可以达到更有效的防治效果。

7. 鸭病毒性肝炎的临床症状有哪些？

科普知识：鸭病毒性肝炎（Duck viral hepatitis，DVH）是危害雏鸭的一种急性、高度致死性和接触性传染病。本病的特征是发病急、病程短、传播快、病死率高，临诊表现为典型的角弓反张，病理变化为肝脏肿大和出血。

本病可由3种不同类型的病毒引起，分别是1型、2型和3型鸭肝炎病毒（Duck hepatitis virus，DHV）。1型DHV属小RNA病毒科，目前已正式命名为鸭甲肝病毒（DHAV），包括DHAV-1、DHAV-2和DHAV-3。

临床症状与病理变化：本病发病急、传播迅速，潜伏期1～3天。发病雏鸭首先表现为精神不振、缩头弓背、食欲下降、眼睛半闭呈昏迷状，随后出现神经症状如转圈、运动失调、两腿痉挛、呈角弓反张样，数小时后死亡。

特征性病变主要在肝脏，常表现为肝脏肿大、质地变脆、外观土黄或斑驳状，表面有弥漫性出血点或出血斑。

1型鸭肝炎一年四季均可发生，无明显季节性。一旦出现恐惧雏鸭的发病率为100％，1周龄雏鸭的病死率可达95％，而1～3周龄雏鸭病死率为50％或更低，5周龄以上的鸭基本不发生死亡，但近年来报道表明1型DHV的发病日龄有增大的趋势，产蛋鸭也见有发病报道。

8. 如何诊断鸭病毒性肝炎？

科普知识：发病急、传播快、病程短和病死率高为本病的流行病学特征，结合肝脏肿胀和出血的典型病变可进行初步诊断。确诊需进行实验室鉴定。

（1）病毒分离鉴定。将病鸭肝脏处理尿囊腔接种10～14日龄无母源抗体的敏感鸭胚，接种后3～5天死亡的胚胎表现为皮肤出血、水肿、侏儒症，肝脏肿大、变绿、坏死。

（2）血清中和试验。用已知的鸭病毒性肝炎阳性血清和分离的病毒在鸭胚、鸡胚或鸭胚细胞上进行中和试验，可进一步确诊。

（3）动物回归试验。选择无鸭病毒性肝炎母源抗体的雏鸭，将分离的病毒采取颈背部皮下注射的方式进行攻毒，接种量为0.5毫升/只；雏鸭于1～5天内出现发病和死亡，死亡鸭表现出典型的鸭肝炎病理变化。

（4）RT－PCR 技术。根据保守区域设计引物，建立 RT－PCR 方法，可用于待检病鸭肝组织中病毒 RNA 的快速检测。

9. 鸭病毒性肝炎预防与治疗有哪些方法？

科普知识：除搞好饲养管理外，应加强对鸭舍及周围、设备和用具的消毒，消毒鸭舍墙壁及周围环境用 2％～3％的苛性钠溶液，带鸭消毒可用 0.3％的过氧乙酸或氯制剂消毒液，每天 1～2 次。应避免从疫区引进种蛋、雏鸭、成鸭，以防该病的传入。

种鸭在开产前 2～4 周用油乳剂灭活苗或弱毒苗进行 1～2 次免疫，保证雏鸭获得较高的母源抗体保护。高母源抗体的雏鸭可在 5～7 日龄用弱毒疫苗经皮下注射或肌肉注射等方法进行一次免疫，低母源抗体的雏鸭可在 1～3 日龄免疫，以保证雏鸭安全渡过危险期。

未进行免疫者，也可在 1～3 日龄注射卵黄抗体或高免血清进行预防。一旦发病，应尽早采用鸭病毒性肝炎卵黄抗体、康复鸭血清或高免血清进行紧急治疗，使雏鸭获得被动免疫，减少死亡并防止疫病扩散。

10. 消毒和灭菌是一个概念吗？

科普知识：消毒是指运用各种方法（物理的、化学的、生物的方法）清除或杀灭环境中的各类病原体，减少病原体对环境的污染，切断疾病的传播途径，防止疾病发生、蔓延，控制和消灭传染病。消毒和灭菌是两个经常应用、但很容易混淆的概念，灭菌是指把物体上所有的微生物、物体表面或内部的所有微生物全部杀死的方法，通常用物理方法来达到灭菌的目的。消毒是指杀死物体表面或内部的病原微生物，并不要求杀死全部微生物，通常用化学方法来达到消毒的目的，用于消毒的化学药物称为消毒剂。无菌是指不含活菌，是灭菌的结果。防止微生物进入机体或物体的操作技术称为无菌操作。

三、鹅

1. 鹅常见的疾病有哪些？

科普知识：随着农村养鹅规模逐渐扩大，鹅病种类也在不断增加，常见鹅病主要有以下几种。

（1）小鹅瘟。由小鹅瘟病毒引起。1～60日龄的小鹅均易发病，但20日龄以内是发病的高峰期，致死率高达90％以上。症状是病鹅喜独处、毛松颈缩、闭目呈昏睡状，重者不食，排黄绿色稀便，鼻孔周围黏附有污秽分泌物，剖检可见特征性的消化道病变，小肠中下段肠腔内有黄白色带状假膜，堵塞肠腔。

（2）鹅裂口线虫病。由鹅裂口线虫引起，主要危害雏鹅。病鹅食饮减退，甚至废绝、嗜睡、发育迟缓，下痢、消瘦、衰竭死亡。

（3）鹅大肠杆菌病。由特定血清型的大肠杆菌引起，主要发生于成鹅。母鹅剖检病变以腹膜炎、卵巢炎和输卵管炎为主，病程一般为2～6天，少数病鹅能康复，但不能恢复产蛋；公鹅主要是交配器出现红肿、溃疡，其上常覆盖着黄色黏稠液体，并有坏死皮。

（4）鹅球虫病。由鹅球虫引起。多发于雏鹅，每年5—8月是发病高峰期。病鹅食欲减少、精神萎靡，缩颈甩头。粪便红色黏稠，后期鲜红色。

（5）鹅口疮。由白色念珠菌引起。病鹅生长不良、精神委顿，羽毛松乱。嗉囊黏膜垢厚、呈灰白色，有圆形溃疡。

（6）线虫病。由绦虫寄生于小肠所致。多发生于15～19日龄的鹅。病鹅减食口渴，消化不良，排绿色或灰白色稀粪，突然倒卧，行走摇摆，起立困难，伸颈张口，麻痹死亡。

2. 如何防治鹅维生素 A 缺乏症？

科普知识：鹅维生素 A 缺乏症是指鹅体内因缺乏维生素 A 或维生素 A 含量不足不能满足新陈代谢需要而发生的以生长发育不良、倦息、消瘦衰弱、羽毛蓬乱；流黏稠的鼻液、呼吸困难，骨骼发育障碍为特征的一种营养代谢病。各种年龄的鹅均可发生，因为维生素 A 多存在于青饲料中，所以多见于鹅舍喂养的鹅，在缺乏青饲料的冬春两季多见。

（1）饲料合理搭配。防止品种单一，平时多喂胡萝卜、紫花苜蓿等富含维生素 A 的饲料，治疗时可在饲料中添加鱼肝油，对缺乏症严重的鹅可采取服用鱼肝油丸的方式加强治疗。

（2）谨防慢性消化道及肝脏疾病。消化道有寄生虫或慢性疾病时，可阻碍维生素 A 的吸收。另外，由于维生素 A 是脂溶性的，肝脏的疾病影响脂肪的消化，进而导致维生素 A 随脂肪排出体外。

（3）饲料存放时间不要太长。长期存放的饲料在发热、发霉、酸败的过程中会逐渐损失维生素 A。日光暴晒以及饲料中缺乏抗氧化剂（如维生素 E）也能引起维生素 A 和胡萝卜素的破坏、分解。

3. 如何防治鹅流行性感冒？

科普知识：鹅流行性感冒又名鹅渗出性败血病，是由 A 型流感病毒中的某些致病性血清亚型毒株引起的全身性或呼吸器官急性传染病。近年来，鹅流感的发病率逐年增加，其主要危害 30 日龄左右的雏鹅。该病传播快、死亡率高。

（1）临床症状。患鹅潜伏期很短，感染几小时后可出现症状，主要表现为精神萎靡、食欲不振、羽毛松乱、怕冷、离群独处、喜蹲伏。鼻腔中流出浆液性分泌物，患鹅频频摇头，甩出黏液，头颈部向后弯，将鼻液涂擦在前躯两侧羽毛上。随着病情的加重，患鹅呼吸困难，呼吸时发出"咕咕"的鼾声，行走不便，站立不稳，甚至不能站立。

（2）解剖。鼻黏膜、眼结膜及皮下组织充血、出血，角膜灰白混浊，鼻腔充满血样黏液性分泌物。气管、喉头充血，心肌出现灰白色坏死斑，肝肿大、质地脆；脾肿大、突出，表面有糜烂状灰白色斑点。肾肿大、充血，胰腺斑点出血、透明或白色灶样坏死，肠黏膜出血或出血性溃疡；卵巢卵泡充血，斑状坏死。

（3）防治措施。

① 保持鹅舍干燥通风，注意对雏鹅保暖。

② 搞好环境卫生，对鹅舍、养鹅设备及地面等做好消毒工作。先清洗，再选择有效的消毒剂如一定浓度的氢氧化钠、过氧乙酸等进行彻底消毒。

③ 在本病多发地区使用禽流感油乳剂灭活苗进行预防。

④ 禽流感抗血清或多价超高免蛋黄抗体，搭配干扰素、白细胞介素等，在发病早期使用效果较为理想，往往可以起到控制疫情的作用。

⑤ 治疗过程中要隔离病鹅进行治疗，加强带鹅消毒，以减少鹅群中流感病毒的浓度，及时清理死鹅，降低饲养密度。

⑥ 服肥磺胺嘧啶片。首次剂量每只病雏鹅口服半片（0.25克），以后每隔4～6小时投服1/4片（0.125克），连用2天；或用20%磺胺嘧啶针剂，首次肌内注射每只雏鹅约1毫升，以后每次注射0.5毫升。此外，红霉素也有疗效，每千克饲料中添加约25毫克，投喂时要充分拌匀，连用2～3天。

4. 如何防治雏鹅病毒性肝炎?

科普知识：鹅病毒性肝炎是一种传播迅速、发病急、致死率高的传染病。其特点是侵害雏鸡、雏鹅、雏鸭、雏火鸡、雏鸟，并致其肝脏典型病变，对禽类生产和健康是一种危害。

（1）临床症状。本病潜伏期一般1～4天，雏鹅发病常在3～5日龄后，急性的无任何症状突然死亡。病鹅最初症状是扎堆，萎靡不振，翅膀下垂、呈昏睡状态。羽毛蓬松，腹泻，粪便稀薄带有黄白色，严重者两腿痉挛、抽搐，来不及治疗就死亡了，个别病例伴有贫血和坏疽性皮炎。本病主要传播途径是接触传染，潜伏期为24小时，可通过呼吸道、空气、饲料、饮水传染。

（2）防治措施。可通过加强饲养管理、搞好卫生消毒来预防，如发病则采取隔离、封锁措施进行预防。得病后，用氟苯尼考、氨苄青霉素、丁胺卡那霉素等抗生素治疗均无效果，可参考中医抗病毒药物。另外，由于本病的流行特点、临诊症状、病理变化与鸭病毒性肝炎非常相似，并且发病的这些地区同时也有幼龄雏鸭发生鸭病毒性肝炎，可尝试用鸭病毒性肝炎1型血清对这些病鹅进行治疗，每只颈部皮下注射1.5毫升，效果较明显。

5. 种鹅常用免疫程序是什么？

科普知识：

（1）1日龄。小鹅瘟高免血清或高免蛋黄液，肌内注射。

（2）10～15日龄。小鹅瘟高免血清或高免蛋黄液，肌肉注射；禽流感（H5亚型）灭活疫苗，皮下或肌肉注射（鸡的1羽份剂量）。

（3）20～30日龄。鹅的鸭瘟弱毒疫苗，肌注；小鹅瘟弱毒疫苗，肌肉注射或饮水。

（4）开产前一个月。小鹅瘟弱毒疫苗，肌注；鹅的鸭瘟弱毒疫苗，肌注；禽流感（H5亚型）灭活疫苗，皮下或肌肉注射（按鸡的3～4羽份剂量）。

（5）以后每隔半年。小鹅瘟弱毒疫苗，肌注；鹅的鸭瘟弱毒疫苗，肌注；禽流感（H5亚型）灭活疫苗，皮下或肌肉注射（按鸡的3～4羽份剂量）。

第八章 畜牧兽医

一、牛

1. 荷斯坦牛能不能进行杂交?

科普知识:荷斯坦牛可以进行杂交。目前国内常用的杂交方式是利用乳肉兼用公牛与荷斯坦母牛进行杂交,杂交一代的体型稍大,产奶量不会降低,乳蛋白率会相应增加。常用的乳肉兼用牛有两种,即蒙贝利亚牛(又称法系西门塔尔牛)和德系西门塔尔牛,他们的特点是生长速度快、耐粗饲、肢蹄和繁殖性能好。产奶量也不低,如蒙贝利亚牛是法国的第二大奶牛品种,平均305天产奶量在8吨以上。杂交一代公犊牛可以留作肉牛进行饲养,获得额外的经济效益。

2. 饲喂青贮饲料、苜蓿草等饲料会不会增加成本?

科普知识:目前我国奶牛的饲养通常是精饲料足够或过剩,而粗饲料特别是优质粗饲料的喂量不足。所谓的优质粗饲料是指全株玉米青贮、苜蓿、燕麦等能量、蛋白质含量较高、易消化、有利于瘤胃微生物繁殖的粗饲料。这些优质粗饲料虽然成本较高,但由于其营养价值高,最终获得的经济效益要高于成本较低的粗饲料。

3. 牛场在改扩建过程中，疾病预防应该注意哪些方面？

科普知识：牛场做转型升级改造，最需要改变的是对奶牛疾病的观念！要把关注牛病治疗的想法转变为"预防在前、防重于治"。

奶牛疾病分传染病和普通病。对于传染性疾病，比如口蹄疫，要做好牛的疫苗免疫，不管是用政府采购疫苗还是自购疫苗，一定要定期抽检牛群抗体水平，才能更好防控。在牛场转型升级过程中，还要注意奶牛"两病"的检测净化工作，将传染病拒之门外。奶牛的普通病主要是蹄炎和乳房炎。对于蹄炎，要做好运动场地的排水，牛卧床垫料的更换和消毒工作，消灭病原微生物；每年定期进行修蹄，并用硫酸铜或甲醛溶液进行浴蹄工作。

4. 牛的布鲁氏菌病的临床特征？

科普知识：布鲁氏菌病简称布病，是一种人畜共患传染病，是侵害生殖系统和关节的地方流行性慢性传染病。布鲁氏菌是一种细胞内寄生的小球杆状菌，革兰氏染色阴性，主要感染牛、羊、猪、犬以及骆驼、鹿等动物，我国流行的主要是羊、牛、猪三种布氏杆菌，其中以羊布氏杆菌病最为多见，其次是牛、猪布鲁氏菌。

成年牛被感染的较多，特别是怀孕母牛。而性未成熟的犊牛有较强的抵抗性，感染较少。老年感染母牛常常流产现象减少，感染第一胎流产多见，第二胎后由于感染免疫导致流产率降低，但病原的传染性依然存在。本病的潜伏期一般为2周到半年左右，主要症状为母牛繁殖障碍，出现流产；公牛睾丸炎和副睾炎。生产时母牛常因胎衣不下发生子宫内膜炎；多次配种不受孕；病母牛可发生关节炎。病牛所生犊牛呈败血变化，表现为肺出血、肝坏死、心包积水。

我国牛布病呈现明显的春季高发的特点。这主要是因为我国北方以春季繁殖为主，而孕畜流产是布病的主要传播途径，一般在家畜因布病流产后一个月左右时，出现感染牛病例的明显上升。而往南方，随着气候的变暖，牛怀孕季节性不明显，布病发生的季节性也变得不明显。

发生布病后，如牛群头数不多，以全群淘汰为好；如牛群很大，可通过检疫淘汰病牛，或者将病母牛严格隔离饲养，暂时利用它们培育健康犊牛，其余牛坚持每年定期预防注射。流产胎儿、胎衣、羊水和阴道分泌物应深埋，被污染的牛舍、用具等用2％火碱消毒。同时，要确实做好个人的防护，如戴好手套、口罩，工作服经常消毒等。对一般病牛应淘汰，无治疗价值。

加强饲养卫生管理，定期检疫（每年至少1～2次）；严禁到疫区买牛。必须买牛时，一定要隔离观察30天以上，并用凝集反应等方法做两次检疫，确认健康后方可合群。布病免疫预防有：S2菌苗和A19菌苗，请按说明书使用。

5. 牛传染性鼻气管炎的临床特征有哪些？

科普知识：牛传染性鼻气管炎是由牛传染性鼻气管炎病毒（IBRV）引起的牛的一种急性、热性、接触性传染病。该病呈世界性分布，广泛存在于欧美等养牛发达国家，给世界养牛业造成了巨大的经济损失。

根据临床表现不同分为不同的类型，常见的有：呼吸道型、结膜炎型、生殖道型、流产不孕型、犊牛肠炎型等。①呼吸道型临床症状：高热达40℃以上，呼吸困难，咳嗽，流水样鼻涕，后期转为黏脓性鼻液。②结膜炎型临床表现：病牛眼睑肿大、持续流泪、结膜充血、结膜表面呈灰色假膜。③生殖道型主要分为母牛外阴阴道炎和公牛龟头炎，都具有脓包性特征。该病作用于妊娠牛时，会在呼吸道和生殖器症状出现后的1～2个月内流产或突然流产，流产胎儿的皮肤水肿，部分内脏器官会出现局部坏死。

该病感染非妊娠牛，会造成短期的不孕现象。犊牛患病后除呼吸道症状外，多伴有脑膜炎及腹泻，致死率在50％以上。奶牛一旦患病，前期产奶量、奶品质量会明显下降。若再并发细菌感染，可因细菌性支气管肺炎死亡。

肉牛易感染，其次是奶牛，犊牛比成牛更易感染。该病全年可发，以冬春季节最为严重。本病经呼吸道传播，主要表现为呼吸道型，与细菌混合感染后致死率较高。

6. 如何防治牛传染性鼻气管炎？

科普知识：该病的控制主要以预防为主，具体措施如下：加强饲养管理，提高饲养管理水平，提高奶牛的抗病力。定期对饲养工具及其环境消毒。为防控该病，引进牛或精液时需经过隔离观察以及严格病原学或血清学检查，证明牛只未携带或感染该病、精液未被污染，即可进入牧场或正常使用。定期对牛群进行血清学监测，及时淘汰阳性感染牛。

缺乏特效治疗药物，一旦发病，应根据具体情况封锁、扑杀病牛或感染牛，病牛生长环境进行紧急全面消毒。普查牛群感染情况，凡阴性牛可采取疫苗注射，阳性牛如果数量较少，可予以淘汰，如果数量多，应立即隔离，集中饲养。在老疫区，可通过隔离病牛、消毒污染牛棚等进行基础防疫工作。配合使用多种消毒液，预防后续细菌感染。及时对疫区未感染牛进行疫苗接种工作，减少牧场经济损失。半岁犊牛即可接种免疫疫苗，一般接种后免疫期半年以上。

7. 牛流行热的临床特征有哪些？

科普知识：牛流行热又名牛三日热，是由牛流行热病毒引起的急性、热性传染病。牛流行热的典型临床症状为双相发热，感染动物体温可以达到 40 ℃以上，该病毒主要感染对象为牛，其中以 3～5 岁壮年牛、乳牛、黄牛易感性最大，水牛和犊牛发病较少。

感染后主要表现为体温升高到 40 ℃以上，期间乳产量明显降低。患病后牛食欲废绝、反刍停止、粪便干燥、有时下痢，四肢关节浮肿疼痛，病牛呆立、跛行，以后起立困难而伏卧，呼吸急促，多伴有肺气肿，可导致病牛窒息而死。稽留 2～3 天后体温恢复正常。该病大部分为良性经过，病死率一般在 1%以下。

目前牛流行热的自然传播途径并不明确，一般认为经呼吸道感染、空气传播及患病牛蚊虫叮咬感染。该病潜伏期较短（3～7天），流行较广，具有明显季节性和周期性。近年来，牛流行热在我国多地暴发流行，多发生于6—9月，流行迅猛，短期内可使大批牛只发病。该病呈周期性的地方流行或大流行，3～5年大流行一次，大流行之后，常有一次小流行，且南方发病时间早于北方。每次疫情发病期也逐渐延长，临床表现也比过去严重。

本病主要预防措施为疫苗接种和加强饲养管理。流行热疫苗能够很好地预防该病，推荐规模化养牛场定期进行免疫接种。加强饲养管理，保持牛舍清洁及通风，并在每年温度升高的季节定期喷洒无毒且高效的杀虫剂、避虫剂等，用于驱杀蚊蝇特别是吸血昆虫，对于进出牛场的外来人员必须进行严格消毒。牧场出现疑似病例时应及时进行实验室诊断。牛流热的治疗方法以防止继发感染为主。每次取800万IU青霉素，3～5克链霉素，混合均匀后给病牛进行肌肉注射。每天2次，1个疗程连续使用3天，具有较好的治疗效果。

8. 牛支原体病的临床症状有哪些？

科普知识：支原体是一类在自然界广泛存在、无细胞壁、高度多形性的最小生物，可引起肉牛和奶牛多种疾病，也是牛呼吸道疾病的重要病原体之一。牛支原体可以导致肺炎、乳腺炎、关节炎、角膜结膜炎、生殖道炎症、不孕及流产。

感染牛支原体病的牛出现体温升高、慢性咳嗽、气喘、伴有清亮或脓性鼻汁。严重者食欲减退、被毛粗乱无光、生长受阻，并出现粪水样或带血粪便。有的患牛继发乳腺炎、关节炎、结膜炎，甚至出现流产和不孕。该病发病率高，治疗不当或不治情况下死亡率增高，与其他细菌或病毒混合感染时造成牛支原体病临床症状复杂化，而且有些感染牛出现隐性感染，不表现出临床症状。因此，通过临床症状只能怀疑感染牛支原体病而不能准确判定。

牛支原体可以引起典型的肺炎病变，剖检主要以坏死性肺炎为特征，病变主要集中在肺部，肺呈紫红色，尖叶、心叶及部分膈叶局部出现红色肉变，肺部出现干酪样或化脓性坏死灶。肺与胸腔会有不同程度的粘连，胸腔内会有少量积液，如心包积液，液体黄色透明，肠系膜淋巴结水肿，呈暗红色。牛支原体导致的关节炎，主要表现为封闭的关节内有大量液体和纤维素且滑膜组织增生，关节周围软组织出现大量不同大小的干酪样坏死点聚集。

牛支原体一般寄生在黏膜表面，主要是呼吸道，其次是乳腺，在环境中生存能力不强，但在 4 ℃的牛奶和海绵中可存活 2 个月，在水中可存活 2 周。

牛支原体自然感染的潜伏期很难确定。健康犊牛群中牛感染 24 小时后，就有犊牛从鼻腔中排出牛支原体，但大部分牛在接触感染牛 7 天后鼻腔排出牛支原体。我国牛支原体病的暴发几乎都与运输有关，多数牛在运输到目的地后 1 周左右发病，如在途中遭遇雨淋等不良环境影响，牛可在运达目的地后第二天发病。主要传播途径是通过飞沫呼吸道传播，近距离接触、吮吸乳汁或生殖道接触等也可传播牛支原体。

9. 牛支原体病的防治方法有哪些?

牛支原体是牛的一种重要致病原，采用综合的防治措施是控制牛支原体病的重要途径。目前常用防治手段主要是对牛的引进管理和饲养管理，不从疫区或发病区引进牛，引进前做好牛支原体病及其他病的检疫检验、接种，引进后隔离观察，混群后保持牛圈的通风、清洁、干燥并定期消毒等。

早期应用抗生素治疗有一定效果。最好选用针对牛支原体与细菌的高敏药物，如泰乐菌素类、替米考星、加米霉素等。用药时应使用足够剂量与疗程。建议输液和肌肉注射治疗，类固醇类药物的使用，如倍他米松、氟米松和强的松龙等，建议使用 3～6 天并且递减。病畜可能出现厌食或完全不吃，体内维生素，尤其是 B 族维生素、维生素 C、维生素 A 丢失或缺乏，输液、肌肉注射或口服此类维生素，提高康复速度，增强免疫力。

二、猪

1. 冬暖式大棚养猪是否可行？

科普知识：可行，造价低廉成本较低，阳光充足，适合养肥猪，不适合养母猪。比较适合冬季养猪。温差不好控制，白天气温高，夜晚温度低，需要加温设施。可以种植蔬菜和养猪相结合，蔬菜的造氧功能可以净化猪舍的空气，猪舍的废弃物可以用于蔬菜的种植。

2. 春季养猪方面应该注意什么？

科普知识：春季气温变化比较大，要注意猪舍的取暖设施不要撤离的过早，夜间还需要加温。产房和保育舍的温度应该保持在20℃以上，一定要随时观察温度。

春季要注意防疫，如猪瘟口蹄疫、伪狂犬、乙脑等这些疾病，要抓紧免疫，严格按照免疫程序来做。

3. 冬季猪喘气病多发的原因是什么？

科普知识：冬季气温低，阳光紫外线较弱，对病原菌的杀灭能力较差，大多是密闭式猪舍，为了保温很少开门窗，空气不流通。猪呼吸排出的废弃物和一些粪便、尿等容易造成空气混浊致使呼吸道疾病多发。

4. 小猪应该注射什么疫苗？

科普知识：这个要根据免疫程序来定 14 天免疫气喘病，25～

35 天要免疫猪瘟。如果母猪的疫苗打得较全，20 天小猪可以不注射伪狂犬疫苗，等小猪大一点再去注射伪狂犬疫苗。

5. 饲养猪时大豆可以代替豆粕吗?

科普知识：豆粕本身就来源于大豆，如果喂小仔猪、乳猪、保育猪大豆是可以的，如果喂母猪大豆的油脂偏量高一些，不合适。

6. 猪的拉稀、呼吸道病怎么处理?

科普知识：引起猪腹泻病的因素有病原性腹泻和非病原性腹泻。病原性腹泻又包括病毒性、细菌性、寄生虫性 3 种；非病原性腹泻因素有温度和环境、饮水和饲料、低血糖、日粮抗原过敏性反应、非病原性白痢、药物和疫苗过敏、微量元素和维生素搭配不合理、硒缺乏等。

针对病毒性腹泻流行性腹泻、传染性胃肠炎，每年入冬之前11 月之前进行免疫，免疫 2～3 次之后情况就会好很多；针对细菌性腹泻，使用庆大霉素、氟苯尼考、环丙沙星等均有较好疗效；对于寄生虫腹泻，可采用左旋咪唑、地克珠利等药物；针对非病原性腹泻，应当饲喂全价优质饲料，加强饲养管理，每年入冬之前（11月之前）进行免疫，免疫 2～3 次之后情况就会好很多。

7. 冬季猪病频发，有什么好的措施来预防?

科普知识：注意保暖，保证一个舒适的温度，猪才能健康的生长。关好门窗，以防候鸟进入猪舍带来病菌。注意猪舍的通风、卫生和干燥。